国家自然科学基金项目(52204224)资助
教育部人文社会科学研究青年基金项目(22YJC840038)资助
山东省自然科学基金项目(ZR2020QE137)资助

群体安全行为态势模拟及预警方法研究

俞凯　周鲁洁　著

U0338249

中国矿业大学出版社
·徐州·

内 容 提 要

基于群体行为,通过模拟开展企业职工或社区居民的群体安全行为研究,可以作为公共安全管理领域的一个明确的研究方向。本书系统地介绍了群体行为安全态势的模拟及预警分析的基础知识、研究思路、研究方法、研究方案和研究成果。基于群体行为理论及影响要素,通过定性定量模拟方法体系的构建,研究群体行为安全态势的演变规律,进而提出安全态势预警体系及控制对策,并介绍了其在煤矿、社区及高校等企业和场景中群体行为管控中的应用。

本书对当前安全态势、群体特征等基础知识的介绍简单、明确,以满足公共安全领域研究和企业安全管理应用为原则;对于群体行为安全态势模拟的研究方法及研究成果等,则进行了深入、系统的论述,以期为相关研究人员提供翔实的基础理论;对应实际应用场景及控制对策体系,则进行了清晰、全面的说明,力争为该领域研究人员提供实用的工具软件。

本书可供社会公共安全、突发事件应急管理等领域相关研究人员参考,也可为企业应急管理及事故预防工作提供参考依据。

图书在版编目(CIP)数据

群体安全行为态势模拟及预警方法研究 / 俞凯,周鲁洁著. —徐州:中国矿业大学出版社,2023.9

ISBN 978 - 7 - 5646 - 6016 - 1

Ⅰ.①群… Ⅱ.①俞… ②周… Ⅲ.①安全行为—研究 Ⅳ.①X912.9

中国国家版本馆 CIP 数据核字(2023)第 206153 号

书　　名	群体安全行为态势模拟及预警方法研究
著　　者	俞　凯　周鲁洁
责任编辑	张　岩
出版发行	中国矿业大学出版社有限责任公司
	(江苏省徐州市解放南路　邮编 221008)
营销热线	(0516)83885370　83884103
出版服务	(0516)83995789　83884920
网　　址	http://www.cumtp.com　E-mail:cumtpvip@cumtp.com
印　　刷	苏州市古得堡数码印刷有限公司
开　　本	787 mm×1092 mm　1/16　印张 11　字数 281 千字
版次印次	2023 年 9 月第 1 版　2023 年 9 月第 1 次印刷
定　　价	48.00 元

(图书出现印装质量问题,本社负责调换)

前　言

有效分析管控人的行为,既可以促进企业安全生产水平的提高,也能够维护社会稳定,促进社会文明建设和经济进步。人的行为,尤其是不安全行为,仍然是最为多发的事故致因,且极大可能导致惨痛的事故后果。经过数十年的发展,整个社会对这一问题有了广泛共识,众多学者也对其开展了多方面的研究,取得了丰硕成果。但是,对于人的行为管控的认知仍有较大提升空间,研究的深度和广度还有待于进一步提高。

人作为社会个体,其生产生活难以离开群体的影响。本书试图从群体的角度探寻该问题的解决方案。近年来,本书作者对群体行为进行了较为系统的研究,取得了一些成果。

从群体角度探讨人的行为管控问题,通过模拟研究群体行为安全态势的演变是合理有效的;通过数据挖掘、机器学习等手段预测其发展趋势并及时预警是科学高效的。本书的研究思路、研究方法和研究方案,可为相关学者提供理论参考。本书介绍的研究成果,可为相关领域的研究提供数据支撑和分析方法,亦可为企业特别是煤矿企业、危化企业的安全管理和事故预防工作提供应用工具;也可为企业或矿区相关社区的公共安全管理提供理论指导和研究方法参考。

本书的研究内容和撰写工作得到了国家自然科学基金项目(项目号:52204224)、教育部人文社会科学研究青年基金项目(项目号:22YJC840038)、山东省自然科学基金项目(项目号:ZR2020QE137)的支持和巴彦高勒煤矿、邵寨煤矿等煤矿企业,山东弘兴白炭黑有限责任公司,浙江宇视科技有限公司等企业,湖岛街道办事处等机关单位的支持。研究过程中,山东科技大学曹庆贵教授、张爱兰主任医师、陈静副教授、周鲁洁讲师,山东管理学院王林林讲师,山东弘兴白炭黑有限责任公司靳伟强总经理,浙江宇视科技有限公司高志武项目经理,湖岛街道办事处王亚楠主任,邵寨煤矿安全监察部王建胜副部长等,都付出了创造性的劳动。李宛真、刘萍萍、冯睿、申晟昊、曹灵敏等也为本书的顺利完成做出了积极的贡献。本书的出版,与国家自然科学基金委员会、教育部社会科学司、山东省自然科学基金委员会等机构以及中国矿业大学出版社的共同支持密不可分,是上述人员共同努力的成果。借此机会,向上述机构的领导和管理、技术人员致以衷心的感谢和由衷的敬意!同时,本书编写时参阅了众多专家学者的论著(见参考文献),在此向上述论著的作者致以衷心的感谢!

希望本书能为社会公共安全领域的相关研究人员提供研究工作思路和基础资料,助力群体行为研究向更好的方向发展和完善;希望对企业安全管控、公共安全管理有一定帮助。同时希望本书为安全科研和安全教学工作贡献绵薄之力。

鉴于著者水平所限、时间仓促,书中疏漏和不当之处在所难免,敬请读者批评指正。

著者

2022 年 6 月

目　录

1　绪　　论

1.1　企业安全态势及其问题分析

1.1.1　企业安全态势分析

近年来,我国企业的安全形势有了很大改善,但仍然严峻。如何降低事故发生率、提高职工安全意识已成为企业亟待解决的问题之一。深入探讨事故原因,科学有效地分析群体行为的演变规律及发展态势,研究与其相关的模拟及预警方法,显然成为控制事故、提高企业安全生产水平的重要课题。

海因里希认为,造成事故的直接因素有两个:一是人的不安全行为,二是物的不安全状态。21世纪以来,科技进步日新月异,煤矿、石化等企业的生产条件得到了极大提高,生产环境也得到了大幅的改善。"物的不安全状态"方面的因素得到了遏制,但事故统计表明,重大、特大事故仍时有发生。由此可以看出,在事故治理中,"人的不安全行为"这个因素的控制还存在着很大的提升空间。

以煤矿企业为例,由于煤矿工人的劳动强度大、工作环境恶劣、工作危险性大,长期从事煤矿工作的人员缺乏,工人普遍的安全素养较差,致使煤矿安全形势十分严峻。在我国发生的重大矿井事故中,人的不安全行为是造成矿井安全事故的重要原因。据统计,全国煤矿总体安全形势较好,伤亡和死亡人数呈逐年下降趋势,2011—2021年我国煤矿事故死亡人数及百万吨死亡率统计如图1-1所示。图1-2所示为重大煤矿事故人因统计,从图中可以看出,"人的不安全行为"因素是造成矿井事故的直接或间接原因。

当前,国内外有关不安全行为的研究大多以个人操作错误为研究内容。但每个人不仅是单独的个体,同时也在集体中工作、生活,他们都会被群体所左右,从而改变他们的行为。煤矿员工工作环境离不开群体组织(如班组、区队等),其行为必然会受其群体的行为的影响与约束,尤其是在煤矿生产一线。

1.1.2　安全管理问题分析

当前,关于群体安全态势的研究方法多为结构模型、心理测试等,其可靠性和适用性还需深入探讨;同时,缺少关于群体行为的仿真方法和演化规律的探讨。群体行为的影响、行为的演化、行为的规律性等问题还没有得到充分的探讨。

由于群体行为具有不确定性、复杂性、模糊性等特点,难以用特定的数学模型来描述,因此,多数情况下都是以定性的方法进行仿真。通过对群体行为的定性仿真,再加上定量的分析,可以更细致、更深入地研究群体行为的安全态势。目前,对群体行为进行仿真和预警的

图 1-1　2011—2021 年我国煤矿事故死亡人数及百万吨死亡率统计图

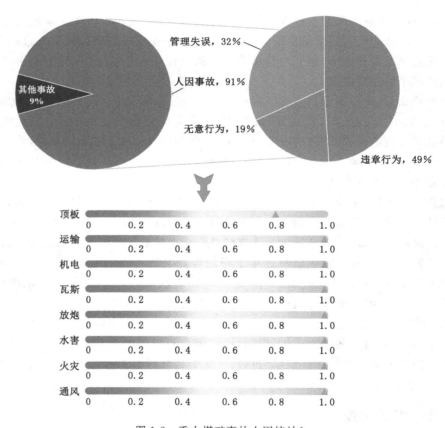

图 1-2　重大煤矿事故人因统计*

* 此处人因事故是指人为因素直接或间接引发的事故

研究,不管是定性的,还是定量的,其仿真方法系统都有待进一步完善。

目前,计算机技术和大数据技术在群体行为仿真和优化控制策略等领域有着广阔的应用前景。在群体行为仿真中,迫切需要一种实用的、通用的定性仿真软件平台。

1.2 社区公共安全及其问题分析

1.2.1 国内研究现状与趋势

20 世纪初,社区概念引入我国,随之开始了社区研究征程。改革开放后,社区治理的研究逐渐进入高潮,社区安全开始得到关注。随着我国经济的快速发展,社区治理迅速进入社会学、政治学、管理学等研究领域,呈现研究领域多样化。进入 21 世纪,社区治理研究得到关注,相关研究持续升温。近 20 年我国社区治理研究总体统计如图 1-3 所示。

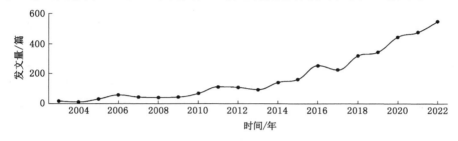

图 1-3 近 20 年我国社区治理研究总体统计

(检索条件:题名＝社区 并且 安全 并且 治理;时间:2003—2022,其中 2022 年为预测数据,CNKI 精确匹配)

目前,我国社区公共安全治理的相关研究主要有:城市社区治安与警务、公共卫生问题治理,防灾减灾与消防研究、食品安全问题与治理、安全教育培训和应急演练研究。针对矿区社区存在的问题,相关研究致力于改善管理模式、治安、文化等方面。舆情管理是矿区社区管理的重要环节,其传播主要基于社交网络。另外,成因探究、舆情信源探察对及时掌控舆情方向至关重要。矿区安全行为管理主要从安全诚信、激励措施、安全领导及形成机理等方面进行了研究。近年来,从群体角度研究煤矿安全态势成为一个新方向,组织形式、群体动力、仿真模型等成为探究煤矿职工群体安全行为的主要方式。而舆情及群体行为的预警是矿区社区居民群体管控关口前移的关键。目前主要的预警方式是通过“模型＋计算机”实现的,其精确度仍有较大提升空间。

可见,国内相关研究结合了不同时期需要,从过去的以社会学、政治学等单一学科为主的传统研究转向多学科合作研究。矿区社区公共安全治理研究对象和基本内容既有传统安全问题又有非传统问题,呈现出由“传统”→“非传统”的转变趋势。同时,相关研究为本课题的研究奠定了理论基础,但亦存在诸多待完善之处,主要表现为:一是对矿区社区居民这一特殊群体的关注不够;二是对矿区社区的舆情及群体行为的系统研究较为薄弱,与中央顶层设计和当下社区现实需求及未来趋势不相适应,这也恰恰彰显了本课题的研究价值。

1.2.2 国外研究现状与趋势

20 世纪初,社区治理开始步入学者视线,并且社区安全成为社区治理的主要议题之一。20 世纪 80 年代,社区安全治理的研究范围大大拓宽,议题更加丰富。进入 21 世纪后,社区治理研究得到更广泛的关注,近 10 年国外社区治理研究总体统计如图 1-4 所示。

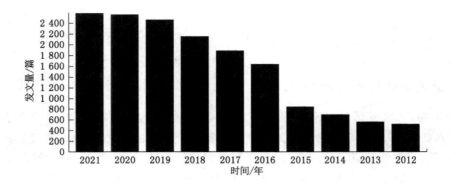

图 1-4　近 10 年国外社区治理研究总体统计

[检索条件：(TS＝(Community)) AND TS＝(Governance)，时间：2012—2021，WOF 精确匹配]

西方社区公共安全治理研究主要有：社区治安、社区消防、公共卫生、公共设施安全等。另外研究还包括：恐怖袭击、社区环境、食品安全等。舆情管理的研究主要集中在：舆情分析方法、企业形象、社交平台、模型仿真等。群体行为的管控主要有：群体的作用、群体行为的要素、行为扩散模型等。

相比国内，国外对社区治安管理的研究较早，研究成果较多，呈现多学科交叉的趋势，在理论思辨、问题阐释和概念分析上都较为深入。舆情和群体行为管理方面西方研究方向呈现多元化，但针对社区，尤其是矿区社区的舆情和群体行为的研究几乎为空白。

1.3　群体行为研究的现状与意义

1.3.1　群体行为研究现状

有关安全行为的理论研究于 20 世纪初期起源于西方国家，经过一个世纪的发展，研究成果日渐丰富（图 1-5）。1919 年，英国 Greenwood 和 Hwoods 通过对工厂伤亡事故的统计分析，得出了"多发"倾向的结论。在此基础上，Heinrich 提出了事故原因链的概念，认为造成交通事故的原因是人的不安全行为和事物的不安全。Reason 于 20 世纪 90 年代提出了"人因事件"模型，并据此建立了"瑞士奶酪模型"（Swiss Chess Model），指出，"一种可能存在的故障会通过各个层面的深度防护，从而引发事故"。HFACS（Human Factor Analysis and Classification System）理论是从瑞士奶酪模型发展而来的一种新的研究方法，它是目前国际上分析煤矿、航空等行业中人的不安全行为等的主要手段。

近年来，在 Heinrich 和 Reason 等学者研究的理论基础上，国外众多专家学者探讨了安全行为的基础理论。其中，系统理论事故模型（STAMP，Systems-Theoretic Accident Model and Process）是指在特定条件下，由各个系统要素相互作用而形成的一种安全行为理论，它指出：安全观念、安全氛围、安全支持、安全领导等因素对员工的安全行为有影响。

20 世纪 80 年代，行为科学引入我国。国内非常重视借鉴吸收行为科学方面的先进成果，并进行深入证明，得到了很多新的研究成果，如图 1-6 所示。

研究初期发现，个体的心理、行为、群体的复杂性是导致不安全行为发生的重要原因。

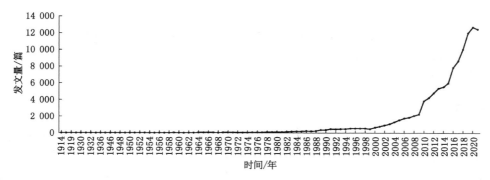

图 1-5　国外安全行为相关研究统计

［检索条件:题名＝安全 并且 行为,WOF 精确匹配］

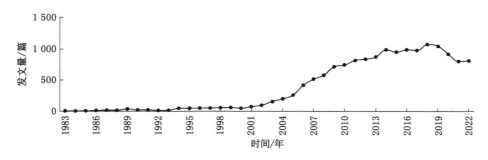

图 1-6　我国安全行为相关研究统计

(检索条件:题名＝安全 并且 行为,其中 2022 年为预测数据,CNKI 精确匹配)

20 世纪 90 年代中期,通过研究煤矿事故致因、探寻行为与事故的关系发现,不安全行为的危险程度不同,其后果也是不同的。

21 世纪以来,我国在安全行为方面的研究获得了长足的进展。普遍认为,员工的安全行为受心理(如性格、情绪、动机、意志、意向等)、生理(如身体素质差、易疲劳等)、操作技能、组织管理等因素的影响。曹庆贵等对个体的形成模式进行了分析,将个体的形成过程分为初始心理、个体意向形成心理、最后意向形成心理三个阶段,并使用 EAP(员工援助计划)提升煤矿职工的心理素质,以便干预职工不安全行为。傅贵等提出了基于行为分析的事故致因"2-4"模型。张江石等以"2-4"行为安全模型为基础,运用 NVivo 质量分析法,对"三违"的成因进行了分析;同时,探究了煤矿环境、组织安全管理实践等因素对职工行为的影响。栗继祖等从安全行为影响因素入手,从安全压力、组织承诺、安全激励、心理因素等方面进行了大量创新性研究,并重视群体因素(群体认知)对个体行为意向的影响。

田水承等认为,不安全行为与安全管理决策的失误、组织上的失误有关,并对风险倾向、工作压力与员工的不安全行为之间的关系进行了深入的探讨。吴超等从理论分析、影响因素研究、模型构建等方面对个体安全行为进行了全面的深化研究,明确了不安全行为类别,从组织活动、人员行为、效果评价、反馈机制和安全文化等五个方面,建立了"五位一体"的安全行为管理模式,即安全行为的激励、技能、知识和价值观。聂百胜等深入探讨了激励机制、心理因素对煤矿职工不安全行为的影响。李红霞等建立了智能矿井员工不安全行为的评估模型,得出导致企业员工不安全行为的主要因素是管理因素,作业因素和个体因素是次要因素,因此,需要有针对性地制定相应的控制与改进措施。

以上关于人的安全行为理论及安全行为形成机理、影响因素等方面的研究为本书提供了强有力的理论基础。通过分析发现,群体要素是影响职工安全行为至关重要的因素之一,关于职工安全行为从群体角度进行深入研究和分析仍有待加强。

1.3.2 群体行为研究意义

本书基于安全科学、定性推理方法、心理学、管理科学等理论,综合应用大数据分析方法、机器学习等先进技术,试图通过完善、设计新型群体行为安全态势模拟及预警方法,为各类群体行为预警及管控方法的研究提供新思路、新方法、新理论,旨在提高群体行为安全态势及预警方法的精确度。其内容对提高群体行为分析的科学性和群体行为演化的可预见性具有突出的理论探索意义,对社会及企业的安全管理工作有良好的参考应用价值。

2 群体特征及其因素分析

本书对群体的特点和行为进行了全方位的探究，并对影响因素进行了研究，这是后续群体行为安全态势模拟方法及预警体系构建的基础。本部分将基于前期研究成果，仔细梳理前人关于群体的基础理论，在实地考察、资料分析的基础上，提出一套较为完备的影响群体性行为安全状况的评价指标体系，并为进一步研究其演化特征提供了模拟要素支持，进而为群体行为安全态势控制对策的研究及其应用打下基础。

2.1 群体特征分析

2.1.1 群体概述

群体由两个或多个成员组合而成，为达成目标，各成员相互依存、相互影响。群体一般分为正式群体和非正式群体，也可以是命令群体、任务群体、利益群体、友谊群体。在群体中，除了有共同遵循的群体准则和群体目标外，还存在相同的情绪与理念。群体的形成是指各成员之间相互影响、渗透，关系逐渐融通，最后达到一种平衡、稳定状态的过程。每个群体都具有群体结构、群体认同和归属感、价值观等特征。

不同企业职工群体的特征也不同。例如，煤矿职工群体，由于矿井工人的工作环境和工作性质，使其既具有一般人的特点，又形成了他们的特殊性质。在高危险的矿井环境中，员工的心理安全感较差，使其对群体的归属感更为强烈，因而其群体特征也就更为明显。从群体动态和组织行为学的观点来看，员工群体具有以下特点。

2.1.1.1 凝聚力强

煤矿工人的工作环境和工作性质，使得他们对集体的归属感很强，对群体的依赖性也很大，因此，他们的凝聚力很强。由于共同的目标和心理需要，成员之间会有一种情绪上的共鸣。成员之间的信任、支持和团结常常表现为"成员抱团"。成员常常通过规章制度、组织架构、群体结构等外部因素而联合起来，其凝聚力主要体现在工作任务上。

2.1.1.2 同质性

煤矿工作的特殊性，导致煤矿工人在生活节奏、工作环境、受教育程度等方面具有高度的共性，从而形成矿井员工的同质性。

2.1.1.3 群体规范约束力更大

煤矿的正式群体的标准是明确的，而且十分详细，甚至涉及每个员工的不安全行为。群体的规范通常是上级组织制定的条条框框，有很强的组织性，可以更好地规范其成员的行为。自发形成的非正式群体，在其形成之时，便形成了一套集体规范，这套规范并非明文规定,而是基于公共利益,并被全体成员所默认,从而能够对其成员的行为进行有效的制约。

2.1.1.4 群体意识强烈

当群体具有很强的凝聚力时,各个群体的成员将会有很强的群体意识,他们会尽力保护群体的利益,其行为也会趋向于统一。矿工群体也是一样的,一旦形成,成员宁愿接受批评,也不愿意与群体的意愿相冲突。

2.1.1.5 从众性

矿工群体具有较强的集体意识,会对其成员形成一种无形的压力,从而导致其服从集体意愿。个人意愿通常会借由迎合群体意愿来化解个人与群体之间的冲突,因而,从众行为是员工个人在群体生活中提升心理安全感的一种方式。

2.1.1.6 追求利益最大

在煤炭企业中,不管是正式群体,还是非正式群体,他们都有着明确的功利目标,只不过在具体利益分配中会存在分歧。在工作岗位上,成员可以最大限度地创造自己的收入,最大限度地满足人际交往需求,获得心理上的安全感。

另外,矿区社区中的群体也具有上述特征。煤矿所属社区居民工作环境复杂、安全形势严峻,且人口密度大、活动时间和地点集中,既有正式群体的组织架构,又有非正式群体的灵活性。加之能源转型改革,矿区所属社区居民对相关信息尤为敏感。

2.1.2 安全行为概述

2.1.2.1 安全行为的定义

危险行为是一种有可能导致意外事件发生或加重意外事件发生后危害的行为。安全行为与不安全行为是相对的,两者之间没有明显的界线。在企业的生产中,工人都知道,违规作业是一件很危险的事情,很有可能会发生意外,但出于侥幸心理,他们往往会冒险作业,不遵守安全操作规程,从而造成事故的发生。例如在生产过程中,工人会出现不戴安全帽、不系安全带等情形,这就是一种侥幸心理。

另外,虽然一些行为不一定会导致意外,但是这种行为会增加风险,或者加重事故的后果,这也是不安全的行为。

总之,本书将不安全行为界定为:能够提高意外事件发生概率的行为。

2.1.2.2 安全行为的特征

职业不同,员工的行为举止也是不一样的。其基本特征如下:

(1)相对性。安全行为和不安全行为仅仅是一个相对的概念,两者之间并没有明确的区别。不安全行为仅限于特定的时间和空间环境,而在某些情况下,不安全行为也可以被看作是一种安全行为。

(2)易传播性。群体(小组或区队)中有一个人有不安全的举动,若不及时阻止,其他人就会模仿,从而在这个群体中迅速地蔓延。

(3)行为倾向于风险。高危作业通常具有工作时间长、劳动强度高等特征,这使得工人很容易疲劳。在侥幸心理和省能心理的影响下,员工为获得更多的休息时间,有可能发生某种危险的行为,从而在工作中出现事故高风险。

（4）不确定性。受到多种外部环境，以及员工的生理、心理等方面的影响，很难对不安全行为进行预测和判断。即便发生了不安全行为，也只是增加不安全行为发生的风险，不一定会导致意外。

2.1.2.3 行为安全的分类

对行为安全的研究可追溯到 20 世纪 70 年代。国外学者对其基础理论进行了大量研究，将不安全行为分为直接和间接两种。直接不安全行为是指在生产过程中发生的违规行为；间接不安全行为是指受到心理、态度等因素的影响而发生的一种行为。在生产过程中，行为也可分为遗漏型不安全的行为和执行型不安全的行为。

21 世纪以来，我国对此类行为的分类研究已逐步被国内学者运用到各种高危行业中，并逐步形成符合国情的分类方法。按照事故发生的后果，不安全行为可以划分为三种类型，即可能导致事故、增加事故损失和尚未发生事故的行为。按照工作人员的知觉等相关的心理特征，可以将不安全行为划分为故意与非故意。根据形成原因，可以把不安全行为分成系统失误、行为失误和管理失误等。从群体角度分析，可分为自组织和他组织行为。

可以看出，当前国内外尚未形成统一的行为安全分类方法及标准。本书综合考虑国内外专家行为安全性的分类探讨，将其分为：环境因素、管理决策漏洞、由一个群体和它的组成人自己的理由造成的不安全的行为。

2.2 影响因素分析

本书从群体特性、分类等方面对我国煤炭企业的安全行为进行了分析，并对影响煤炭企业安全行为的因素进行了深入探讨。从群体因素、个体素质因素、管理因素和群体环境因素等方面，运用鱼刺图分析方法，对影响因素进行了研究，如图 2-1 所示。

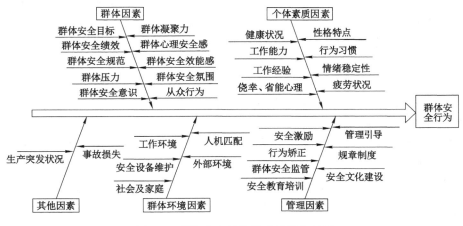

图 2-1 群体安全行为影响因素鱼刺图

2.2.1 群体因素

群体安全行为的影响因子包括群体凝聚力、群体心理安全感、群体压力、群体安全氛围、从众行为群体安全效能感、群体安全规范、群体安全意识、群体安全绩效、群体安全目标等。

此外,群体成员的人际关系、群体构成等也会对群体的安全行为产生间接的影响。

(1)群体凝聚力是指群体中的成员彼此吸引、联合,以及为了群体的目的和兴趣而努力的强烈程度。凝聚力主要由两个方面构成:一是组织对成员的吸引;二是成员对组织的归属感。当组织的目标与企业的安全需求相符合时,组织的凝聚力就会增强,就能实现企业的安全目标,从而提升企业的安全水准;反之,则会妨碍企业安全目标的达成,进而降低企业的安全水准。

(2)心理安全是指在心理层面上,群体所提供的一种安全的心理状态。当群体的心理安全感较高时,即使参与危险作业,从业人员也会感到安全,不会被伤害或威胁。群体的凝聚力一般与群体的心理安全感呈正相关,即群体的凝聚力越高,人员的心理安全感越高。高心理安全感的群体能够促使其成员有意愿改变其行为习惯,从而形成从众行为。

(3)群体压力是指群体对成员心理产生的一种消极情绪。这种精神上的紧张往往出现在某个成员对群体提出的要求或者与群体中大多数人的意见不一致的时候。在适当的指导下,群体压力有利于形成安全行为;群体压力也可以促进从众行为的产生,当群体的安全行为等级越高,群体压力越大,其成员的不安全行为就越能减少。

(4)群体安全氛围是指群体成员对危险工作环境的普遍认识。良好的集体安全环境有助于形成集体安全准则,从而改善集体安全绩效,促进集体行为向安全方向发展,减少事故发生。加强对员工的安全教育,提高员工的集体安全意识,有利于营造良好的集体安全环境。

(5)从众行为是指一种在群体的压力下,成员放弃与群体不一致的观点,而服从多数人的意见的行为。这种无形的压力,尽管没有强制的力量,却让人产生一种必须服从的感觉,让他们放弃自己的想法和行动,以此来获得精神上的安全感。

(6)群体安全效能感是一种对群体(例如公司内的区队、班组)的安全行为的判断,以及对自己的安全能力的判断。在安全效能上,群体的安全性需求较高,其成员对群体的安全行为有较大的贡献。群体安全有效性对成员的个体特性有一定的影响。

(7)群体安全规范一般分为两种,即正式的和非正式的。正式群体安全规范是一种书面的规章制度,它将员工的行为准则、操作流程等以书面形式明确地写在正式文件中。而非正式群体安全规范则是由集体自发组织起来,由全体成员一致认可的行为规范。在企业的安全生产实践中,不同的工种、不同的管理者、不同的岗位、不同的管理者,都会制定不同的安全准则,从而影响个人的安全行为。

(8)群体安全意识是集体与集体形成的一种安全生产观念,是集体成员对外部环境的警觉。群体安全意识是指相对于个人的安全意识,更多地关注群体的层面,也就是集体活动中的集体安全意识。例如,要培养学生的集体安全意识,必须营造一个良好的环境。在一个好的环境中,群体的安全意识水平越高,就越容易形成安全行为。

(9)群体安全绩效是企业对群体安全程度进行量化的结果。群体的安全绩效愈高,则说明群体的安全行为程度愈高。群体和其成员的安全意识愈强,其表现出的生产行为愈安全,表现出的群体安全效能愈高。

(10)群体安全目标是群体所希望达到的某种安全状况或目标。群体安全目标对成员的利益和行为的发展有直接的影响,所以在制定群体安全目标时必须综合考量,不仅要兼顾成员的利益,还要兼顾群体的整体利益,并且兼顾群体的安全氛围与凝聚力。

（11）人际关系是一种以人为本，在心理水平上产生的一种有感情经历的人与人的关系。在员工群体中，人际关系无所不在，它渗透到生产生活的方方面面，是员工之间交流的基础和载体。良好的人际网络可以加强公司内部（如区队、班组）的团结，同时也可以营造一个和谐的环境，有利于员工的安全行为的选择。反之，会对员工的安全生产造成一定的影响，从而使其发生不安全的行为。

（12）群体组成是一个群体中所有成员的性格特点的分布状况。群体成员由于个性、工龄、专业等方面的差异，导致其受到群体的影响程度也不同，在某种程度上会影响到集体和个人的安全行为。那些具有良好沟通能力、性情温和的人在群体中所占的比重愈大，则此群体在适当的指导下，其安全行为的程度也愈高。

2.2.2 个体素质因素

员工个人的安全行为会对群体安全行为产生一定的影响。在对员工的安全行为进行分析时，必须考虑到群体成员的个人品质。

从员工的心理角度来看，个体素质包括个人的性格、情绪、侥幸心理、省能心理；从生理角度看，包括成员的身体健康状况、疲劳状态等；此外，还有个人的工作能力、工作经验等。

个性在很大程度上决定了一个人的行为。个性好的员工在外部环境变化时，可以更好地控制自己的行为，使自己处于安全的状态，从而可以有效地防止意外发生。情感稳定性是指个人在面临诸如压力等负面因素时的情绪波动程度。正面的情感是积极和安全的；相反，负面的情感是消极的，缺乏安全感。因而，在生产和生活中，情绪控制能力较强的员工更有可能产生安全行为。

安全生产对员工的健康状况提出了更高的要求。身体素质是指人体健康、疲劳度等生理指标。一线工人的工作时间较长，工作条件较差，易造成工人的疲劳。员工在工作时，会出现注意力不集中、反应迟缓，不能按照安全规程进行生产作业，很容易发生意外。没有良好的体质，很难保证他们生产活动的正规化。

行为习惯是一个集体成员在长期生产活动中形成的一种普遍的行为。在安全意识高的情况下，良好的行为习惯可以减少意外事件的发生；反之，很容易导致意外。

具有较高工作能力的员工，可以迅速地适应复杂的工作环境和工作流程，并能在群体安全准则的作用下迅速地调整自己的行为，并使之朝着安全的方向发展。

具有一定工作经验的团队成员，在各自的工作区域中，能够从容有效地应对各种复杂情况。

2.2.3 管理因素

员工的安全行为管理是指企业通过人力、物力、环境等多种资源手段来监督员工的生产活动，规范员工的安全行为。安全沟通、激励管理、管理引导、安全教育培训、安全文化、安全规章制度、行为矫正、安全监管等是影响员工安全行为的管理要素。

（1）安全沟通有助于提高团队内部成员之间的联系。通过沟通，可以增进群体与群体的相互理解，帮助化解隔阂与误解，增进人际关系，加强群体的团结。

（2）激励管理是指以物质、荣誉、资金等一系列方式来激发员工的安全意识，从而使员工从内到外都能以"我要安全"为核心地进行生产活动，向着集体所期待的安全目标迈进。

（3）管理引导是指群体及其成员在上级组织、群体或领导的指导和影响下，为实现共同的安全目的而奋斗。管理者和上级机构对各群体和各成员进行合理的管理指导，最大限度地发挥团队的力量，保证公司的安全运行，并达到公司生产和经营安全的目的。

（4）安全教育培训是指对员工进行教育和培训，增强员工的安全意识。加强员工的安全意识，加强员工的安全意识，有利于形成集体安全文化。安全教育与训练可以提高群体成员的安全知识与技能，从而促进群体的安全行为。

（5）安全文化是一种由不同的素质、心态和安全知识组成的组织意识。安全文化是影响安全行为的一个重要因素，它贯穿于企业的每一个层次，对员工的凝聚力、团队效能、安全意识都有很大的促进作用。

（6）安全规章制度是指企业或上级组织明文规定的安全操作规程等。虽然企业均有针对自身特点的规章制度，但是如果执行力度不够，就会出现职工违章操作、误操作等现象，最终的安全结果也不同。这里的安全规章制度因素不仅立足于管理，更加注重规章制度本身的完善和执行。

（7）行为矫正是一种心理手段，它是通过对员工行为进行综合分析来实现的。通过对员工生产行为与工作环境和管理措施之间的相互关系进行分析，发现其产生的原因，并对其进行干预，以改善其不符合安全标准或可能导致事故的行为。为了规范员工的安全行为，公司往往采用"观察-反馈-纠错加强"的方法来纠正员工的不安全行为。

（8）安全监管是指由公司的主管或各级别的安全管理人员进行的监督和管理。有效的安全监督可以及时发现和阻止员工的不安全行为，预防事故。

2.2.4 群体环境因素

企业的生产环境十分复杂，会对员工的身体和心理健康造成了很大的影响，也很容易引起员工的不安全行为。针对工作环境的特点，从工作环境、人机匹配、安全设备维护、团队外部环境等几个角度，对影响安全行为的因素进行分析。

影响员工安全行为的工作环境因素主要有噪声、通风、温度、湿度、粉尘、瓦斯等，这些都会对员工的身体、心理产生一定的影响，从而导致员工疲劳。此外，由于井下巷道、采场等场地狭窄，各种设备、管线也会占用一定的空间，限制了工作人员的活动范围，限制了员工的正常生产作业。

矿井开采需要各种设备和工具。设备和工具对不安全行为的影响主要体现在装备、工具的完整性以及人与人之间的配合。如果设备、刀具本身存在设计上的缺陷、老化，或使用不当，就会导致机器与机器之间的配合程度下降，从而给工人带来负面的影响。因此，需要对设备进行定期检查，以确定其能否正常工作。在恰当地摆放设备的同时，增加必要的安全措施，既能有效地保护设备，又能避免人身伤害。

此外，群体外的不安全行为，或其他群体意外事件，也会对群体或群体的成员造成影响。

2.2.5 其他方面因素

事故损失、生产突发情况等也会对员工的安全行为产生间接的影响。意外伤害会降低团队的安全表现，引起团队成员的情绪波动，因此团队及其成员会提高警觉性，增强自身的安全意识。

生产过程中的突发事件可以检验员工的安全行为和应对能力。在遇到紧急情况时,若能迅速、镇定地处理,将有利于群体心理安全感、群体凝聚力、团队工作能力、工作经历等方面的提升。

2.3 群体态势指标

本书从群体、个体素质、群体环境、管理因素等方面对群体安全行为的主要影响因素进行了归纳总结,得出了影响群体安全行为的主要因素,如表 2-1 所示。

表 2-1 职工群体安全行为影响因素体系

因素类型	影响因素
群体	群体安全规范、群体压力、群体凝聚力、群体安全目标、群体安全意识、群体安全氛围、群体安全效能感、群体心理安全感、群体安全绩效、从众行为、人际关系、群体安全文化、群体构成
个体素质	性格特点、疲劳状况、情绪稳定性、侥幸心理、省能心理、行为习惯、工作经验、工作能力、健康状况、学历、安全动机、安全态度、工作满意度
群体环境	光线、温度、湿度、噪声、粉尘、有毒有害气体、作业空间、安全防护设施、个人防护装备、人机匹配、外群体环境、社会及家庭
管理因素	安全监管、规章制度、安全激励、安全教育培训、安全文化建设、管理引导、行为矫正、安全支持
其他因素	事故损失、生产突发状况

本系统的构建,不但可以确定群体安全行为的影响因子,而且可以为以后的群体安全行为状况仿真研究奠定基础,同时,为群体安全行为预测预警方法的研究奠定基础。

3　群体安全行为态势定性模拟方法

群体安全行为定性模拟(QSIM,Qualitative Simulation)是对群体的行为及其因果关系进行研究,以探索、分析群体行为状态随时间的变化规律的一种方法。群体安全行为定性模拟算法是把群体安全行为的定性模拟过程转化成计算机软件分析的一种计算方法。该方法将群体安全行为模式视为系统,从初始状态开始,受限制或转化规律的约束,逐步推导出群体的后续发展状态及态势,最终得到由这一系列状态所构成的系统行为描述,以寻求群体安全行为规律。群体安全行为定性模拟算法包括约束条件设置、状态转换(过滤过程)、结果分析等关键步骤,是群体安全行为模拟、分析的关键环节,决定着定性模拟结果的准确性和可靠性。因此,群体安全行为定性模拟算法的科学性和完备性显得尤为重要。高性能的群体安全行为定性模拟算法能为准确分析职工安全行为规律、开展职工安全行为预警提供科学的方法基础,从而将企业或社区安全管理的管控前移,提高职工或居民不安全行为的可预见性和可控性,降低其不安全行为的发生概率。

尽管本书前期进行了大量的研究和模拟,但在实践过程中发现,在 QSIM 的各个环节,如约束条件、过滤过程、模拟结果分析等,仍存在较大的提升空间。本书在前期研究的基础上,介绍 QSIM 算法的基本原理以及常用的优化方法。从 QSIM 的约束条件入手开展研究,试图在源头消除定性模拟中的组合爆炸情况;设计新的过滤算法,彻底解决过滤结果欠佳的问题,提高过滤过程的效率和可靠性;丰富模拟结果的分析方法,使之既能研究群体行为的整体状态,也能详细分析群体中某一个体的行为状态;基于该算法,构建群体行为态势的动态靶向"预测-预警"机制。

3.1　QSIM 原理概述

定性模拟(QSIM)算法分析是依据定性模型开展,着手分析推理系统可能行为的一种方法。其变量的设置可以采用数字型或符号型。

定性模拟和定量模拟的区别在于,定性模拟能够处理信息中的非数字化数据,并将其模型化,能够用符号的方式进行仿真模拟运算,对其可能发生的行为进行分析,从而探寻其内部的规律。定性模拟的方法在以下方面有一定的应用:

(1) 所要分析的体系内部关系非常复杂,不能用数字模型来描述。

(2) 所要分析的体系基本属性不清楚,难以对其进行客观定量。

(3) 在进行定量分析时,即使利用计算机进行计算,也会遇到无解的情况。

定性模拟理论主要分为朴素物理学、模糊模拟和基于归纳学习的三大类模拟方法。其中,朴素物理学是一种体系完善、应用广泛、发展迅速的定性模拟技术。朴素物理学方法又可以细分为定性过程理论、定性微分方程理论等,其定性微分方程理论还包含了著名的

QSIM 算法。

定性微分方程理论认为,系统一般由三个因素构成,即变量、约束和操作区域。其中,变量表示了系统的参数,描述了它们的相互关系。操作区域表示了它们的边界条件,也就是变量的范围。QSIM 过程简单明了,但是要正确应用 QSIM 算法,必须清楚地认识到相应的基本概念和具体的模拟过程。QSIM 算法最大的特点,就是能够用计算机来描述复杂的系统,并且能够利用计算机进行仿真模拟。计算机技术引入定性模拟后,大大提高了模拟的效率,因而在定性模拟和相关领域中受到了广泛的重视。QSIM 算法随着其应用领域的扩展,在变量、约束和操作区域等方面得到了极大的改进,并在此基础上引入了一种半定量化的方法。

群体是一个复杂的系统,其安全行为受到多种因素的影响,如外部环境、管理措施、群体成员等,存在着不确定性,不能对全部的信息进行定量化处理,因而适合运用定性模拟的方式。定性模拟的分析方法是指在整个模拟过程中,既要进行定性的分析,又要进行定性的模拟,并在必要的时候尽量运用定量的方法来进行分析。

本书基于群体安全行为的定性模拟方法,开发了一种群体安全行为态势预警平台。该 QSIM 算法不仅可以与计算机编程相结合,也可以进行模拟分析,成为模拟方法体系核心算法的不二选择。

定性模拟要求对大量的定性逻辑关系和数据进行分析。QSIM 算法能够根据已有的规则对大量数据有效地进行模拟,将定性模拟与计算机技术相结合,因此,在定性模拟领域中得到了广泛的应用。

QSIM 算法是基于群体安全行为模型进行理性推导,从而生成定性行为的推理过程。该方法将群体安全行为模式视为一个系统,首先对其初始状态进行分析,然后根据约束条件或转化规则对模型进行预测,最后进行有序的排序,进而进行描述。QSIM 算法的基本逻辑关系见图 3-1,主要包括变量输入和输出、模拟步骤、过滤等内容。

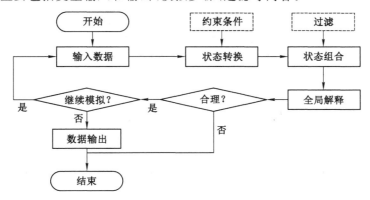

图 3-1　QSIM 算法逻辑关系图

3.1.1　数据输入

(1) 需要分析变量的集合 $F = \{<qval_1, qdir_1>, <qval_2, qdir_2>, <qval_3, qdir_3>, \cdots, <qval_s, qdir_s>\}$,该集合代表着职工或居民群体安全行为的 s 个影响因素,其中,

qval 代表定性值,*qdir* 代表变化方向。

（2）约束条件集合,通常约束条件为状态转换规则。

（3）转换结果的集合,该集合既代表本阶段的结果,也代表下一阶段的输入。

3.1.2 数据输出

（1）每个变量的转换结果的集合。

（2）显著时段定性状态 $F' = \{<qval'_1, qdir'_1>, <qval'_2, qdir'_2>, <qval'_3, qdir'_3>, \cdots, <qval'_s, qdir'_s>\}$。

3.1.3 算法步骤

（1）根据实际情况输入确定的初始状态。

（2）在约束条件的基础上进行状态的转换,并计算状态集合。

（3）对不合格的状态进行筛选,该步骤根据系统实际情况和约束条件进行。

（4）对过滤后状态组合进行分析,从整体上进行解释,如果合理,则进行下一阶段模拟;反之,模拟以失败告终。

3.1.4 过滤与解释

（1）过滤。它是根据变量的实际意义以及各变量的相互关系,来判断所推理的状态是否满足约束条件和关联条件,并排除不符合的状态。

（2）全局解释。经过过滤后,获得剩余的状态,从现实角度出发,综合分析解释所得状态的意义,如果解释失败,则表明所得状态不符合要求,需要再次进行模拟。

QSIM 算法的约束条件、过滤、全局解释等过程是非常复杂的,当模拟分析的系统或模型因素较多时,约束条件设置、过滤分析以及全局解释都会非常麻烦。因而,QSIM 算法在实践中得到了逐步优化,并逐步提升了它的完整性。

基于定性模拟和 QSIM 算法的基本思想,综合群体安全行为的进化过程特征以及定性模拟分析的需要,本书将基于 QSIM 技术,对群体安全行为的定性模拟方法进行深入的探讨研究。

3.2　QSIM 常用优化方法

在 QSIM 的发展初期,为防止出现"组合爆炸"现象,优化方法均集中于 QSIM 算法的过滤过程。随着研究的深入,优化方法逐渐扩展到全过程,如变量输入、模拟规则、模拟过滤及模拟结果等环节。

3.2.1 优化过滤方法

3.2.1.1 社会场力

要研究群体安全行为,就必须考虑群体成员所处特定社会环境的影响。我国研究人员普遍认为,社会场中存在某种场态具有吸引的倾向,该场态称为社会场吸引子,它能够把社会场中的事物运动拉向自身,并把这种任何社会场中均存在的力称为社会场力。社会场中的事物均受到社会场核心引力的吸引。

社会场力对群体成员起到一定的影响,从而将其拉到吸引子的身边。群体成员与社交场的关系愈密切,他们的行为愈能满足社交场的需要,越能够被群体组织接纳,也就越能够获得群体的认同感,其心理愈具有安全感。因此,群体成员会采取应对或自我调整措施,逐渐靠近社会场吸引子,以符合社会场的要求;但是,当群体成员所受环境干扰力度大于社会场力时,即社会场力偏离值大到一定程度时,则无法向社会场吸引子靠拢,急需通过外部管理措施进行调节。

3.2.1.2　GA-BP 算法

QSIM 算法在状态转换过程中,会产生多种可能的组合,其中有些组合不符合实际情况,应该过滤掉。QSIM 算法综合 BP 神经网络是一个较好的解决方案。BP 神经网络在优化过程中具有较高的精度,但容易存在陷入局部极小值、收敛速度慢等问题。遗传算法(GA 算法)在宏观上有很好的搜索性能,并且能够以较大概率找到全局最优结果。利用 GA 算法进行前期的搜索,可以很好地克服 BP 神经网络的不足。在此基础上,将 GA 算法和 BP 神经网络相结合,构成了一种 GA-BP 算法,它对 QSIM 过滤过程进行了优化。

GA-BP 算法采用遗传算法的全局寻优能力,弥补了 BP 神经网络存在局部极小值点、收敛速度慢等缺点,优化 BP 神经网络的权值和阈值。该方法首先利用 BP 网络的拓扑结构,对 BP 网络进行初始化;然后通过选择、交叉、变异等一系列运算操作,得到最优权值和阈值;最后利用 BP 神经网络对其进行计算和数值模拟,得到模拟的结果。图 3-2 中显示了GA-BP 算法的流程,其过程如下:

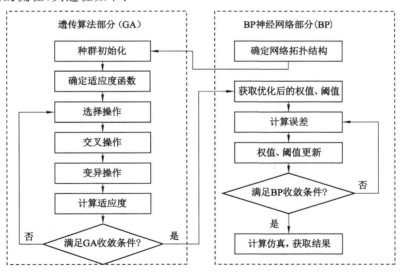

图 3-2　GA-BP 算法流程图

(1)选用 BP 神经网络拓扑结构。本书选用单隐含层 BP 神经网络,足以满足 QSIM 算法过滤过程的运算需求。根据 QSIM 算法过滤过程的特点,在 BP 神经网络中,系统状态变量的个数决定了输入层的节点。隐含层节点个数为 9～16 个,其数目根据输入层和输出层的节点来决定,而输出层的节点是 1。

(2)种群初始化。在 BP 神经网络中,个体是由各权值、阈值组成的,所以编码方法采用实数编码,则各权值及阈值的个数总和组成了个体实数串长度。通过对 GA-BP 算法的相关实例和多次演算实验,在确保快速获得最优解的前提下,确定种群数为 30,最大迭代次数为 100。交叉率 P_c 和变异率 P_m 对于遗传进化的运算性能有较大影响,为了保留高适应度个体和保证种群的多样性,本书取 $P_c=0.4,P_m=0.2$。

（3）确定适应度函数。适应度函数是判断个体优劣的指标,是进行选择操作的唯一依据。

适应度函数是建立在 BP 神经网络标准差的基础上的,故设适应度函数 f_i。

$$f_i = \frac{1}{D_i + c} \tag{3-1}$$

式中,D_i 为 BP 神经网络的标准差;c 为大于 0 的常数。为了避免分母为 0 时溢出中断,可取 $c=0.01$。

（4）选择操作。选择操作用于从父代群体中选择个体遗传到下一代,以防止失去有用的遗传信息,从而改善算法的整体收敛和计算效率。最常见的是适应度比例方法,即轮盘赌法。该方法中,个体被选择的概率 P_i 是根据个体适应度在全部个体适应度总和中所占的比例确定的,即

$$P_i = f_i / \sum_{i=1}^{n} f_i \tag{3-2}$$

式中,f_i 为第 i 个个体的适应度函数值;n 为个体总数。

（5）交叉操作。交叉操作是将两个父代个体的染色体上的某些基因进行置换和重组,从而形成一个新的个体。本书使用了实数交叉的方法。

假设按 $P_c=0.4$ 的概率进行交叉操作,例如对第 k 个染色体 a_k 和第 l 个染色体 a_l 在 j 位进行交叉操作。

$$\begin{cases} a_{kj} = \alpha a_{lj} + (1-\alpha) a_{kj} \\ a_{lj} = \alpha a_{kj} + (1-\alpha) a_{lj} \end{cases} \tag{3-3}$$

式中,α 为 $(0,1)$ 区间产生的随机数。

（6）变异操作。变异操作模拟了基因的突变,保持了群体的多样性。改变个别实数序列中的一些实数,运用变异操作生成新的个体。假设按 $P_m=0.2$ 的概率选取第 i 个个体的第 j 个基因 a_{ij} 进行变异,变异操作如公式(3-4)所示。

$$a_{ij} = \begin{cases} a_{ij} + (a_{\min} - a_{ij})[r_2(1-g/g_{\max})]^2 & r_1 < 0.5 \\ a_{ij} + (a_{ij} - a_{\max})[r_2(1-g/g_{\max})]^2 & r_1 \geqslant 0.5 \end{cases} \tag{3-4}$$

式中,r_1 和 r_2 是 $(0,1)$ 上的随机数;$a_{\max}$ 为基因 a_{ij} 的上界;$a_{\min}$ 为基因 a_{ij} 的下界;$g_{\max}$ 是最大进化代数;g 是当前进化代数。

依据公式(3-4)进行变异操作,可以让进化初期 a_{ij} 在较大范围内变动;随着 g 的变大,a_{ij} 的变异范围变小,此操作可以大大提高遗传算法精度。

（7）判断是否满足 GA 收敛条件。由于遗传算法的收敛性是以适应度为基础的,所以首先要从式(3-1)中求出适合度,然后才能确定该遗传算法的收敛性。利用公式(3-5),可以得到遗传算法的收敛性。

$$f(x_g) - f(x_{g-k}) \leqslant \varepsilon \tag{3-5}$$

式中,$f(x_g)$ 为第 g 代的适应度;$\varepsilon > 0$;k 为正整数。

根据收敛条件,如果未找到符合条件的个体,则转"选择操作"。

在满足预期性能指标后,通过对最终群体的最优个体译码,可以获得 BP 神经网络的权值和阈值。

(8) 更新权值、阈值。BP 神经网络的权值、阈值根据其误差更新,因此更新阈值之前要先计算 BP 神经网络误差 e_k,根据误差 e_k 更新网络连接权值 WIH_{ij} 和 WHO_{jk},如式(3-6)和式(3-7)所示。

$$\text{WIH}_{ij} = \text{WIH}_{ij} + \eta H_j (1 - H_j) Z'_i \sum_{k=1}^{m} \text{WHO}_{jk} e_k \tag{3-6}$$

$$\text{WHO}_{jk} = \text{WHO}_{jk} + \eta H_j e_k \tag{3-7}$$

式中,η 为学习速率;Z'_i 为输入层中第 i 个节点的输出;H_j 为隐含层中第 j 个节点的输出;WIH_{ij} 为输入层中第 i 个节点与隐含层第 j 个节点的连接权值;WHO_{jk} 为隐含层中第 j 个节点与输出层第 k 个节点的连接权值。

根据误差 e_k 更新网络连接阈值 BIH_j 和 BHO_k,如式(3-8)和式(3-9)所示。

$$\text{BIH}_j = \text{BIH}_j + \eta H_j (1 - H_j) \sum_{k=1}^{m} \text{WHO}_{jk} e_k \tag{3-8}$$

$$\text{BHO}_k = \text{BHO}_k + e_k \tag{3-9}$$

式中,BIH_j 为隐含层第 j 个节点的阈值;BHO_k 为输出层第 k 个节点的阈值。

(9) 判断是否满足 BP 神经网络的收敛条件。如果满足收敛条件则训练结束,进行后续的仿真;如果不满足条件,则继续训练。

通过使用遗传算法,可以得到 BP 神经网络的权值和阈值,从而使 BP 网络训练效率得到明显的改善。结合社会场力,利用 GA-BP 算法,过滤 QSIM 算法状态转换后的组合,能有效减小误差,使收敛速度更快,过滤结果更贴近真实情况。

3.2.1.3　优化过滤过程

在 QSIM 模拟中,当出现多种后续状态组合时,则需要进行过滤,以获取符合条件的结果。由于 QSIM 过滤过程是针对系统状态变量的,并且系统状态变量 $Z_i = <qval_{z_i}, qdir_i>$ 中的 $qdir_i$ 并非具体数值,故在过滤中需要把 $qdir_i$ 转换成对应的数值,以便参与运算。待过滤结束后,把结果中的 $qdir'_i$ 还原即可。

基于社会场,由 GA-BP 算法优化的 QSIM 算法的过滤过程如下:

首先将 $Z_i = <qval_{z_i}, qdir_i>$ 做一些数值化处理,如表 3-1 所示,把 $qdir_i$ 拆分成新变化方向 $qdir'_i$ 和变化时间 qdt_i,则系统状态变量变为一个三元组 $Z'_i = <qval_{z_i}, qdir'_i, qdt_i>$。其中,$qdir'_i = \{-1, 0, 1\}$,分别表示"负方向""无变化"和"正方向";$qdt_i = \{0, 1, 2\}$,分别表示"无影响""短时间"和"长时间"。例如,系统状态变量 $<3, \rightarrow>$,在过滤过程中则转换为 $<3, 0, 0>$,状态变量 $<3, \searrow>$ 则转换为 $<3, -1, 2>$。

表 3-1　$qdir_i$ 数值化处理表

$qdir_i$	$qdir'_i$	qdt_i	规则说明
↓	−1	1	短时间即减少到新值,即"强减"
↘	−1	2	长时间才减少到新值,即"弱减"

表3-1（续）

$qdir_i$	$qdir'_i$	qdt_i	规则说明
→	0	0	无增减变化,时间对其无影响,即"不变"
↗	1	2	长时间才增加到新值,即"弱加"
↑	1	1	短时间即增加到新值,即"强加"

在群体初始均衡状态,因为成员已经习惯其所处的环境和管理措施都在社会场吸引子周围,因此,设社会场力偏离值 $Mz_0=0$。系统状态变量 $Z'_0=<qval_{z0},qdir'_0,qdt_0>$ 与社会场力偏离值 Mz_0 存在一种映射关系,所以 $Z'_0=<qval_{z0},qdir'_0,qdt_0>$ 作为输入,$Mz_0=0$ 作为输出,通过对 GA-BP 算法进行训练,得到的 GBZ_0 表示该群体所存在着的社会场,当系统状态变量发生变化后,将变化了的 $Z'_i=<qval_{zi},qdir'_i,qdt_i>$ 作为 GBZ_0 的输入,计算得到输出 Mz_i,那么 $|Mz_i|$ 就代表了新行为对该社会场的社会场力偏离值。

通过状态变换,使得系统的状态变量构成 s 个状态的组合。将 s 个状态组合 $Z_i=<qval_{zi},qdir_i>$ 按照表 3-1 转换成 $Z'_i=<qval_{zi},qdir'_i,qdt_i>$,然后输入 GBZ_0,得到 s 个输出:$Mz_1,Mz_2,\cdots,Mz_s$;求 $\min\{|Mz_i|\}$,求最可能的状态组合就是对应绝对值最小的组合,其他的组合都忽略,不再参与后续模拟。把过滤后的模拟结果根据表 3-1 进行还原,就可以得到还原后的变量,例如,过滤后的结果为 $<2,-1,1>$,则还原后的系统状态变量为 $<2,↓>$。

3.2.2 优化定性模拟的全过程

根据前期研究可以发现,QSIM 算法可以模拟分析群体的安全行为,但在模拟过程、结果分析等方面还有很大的改进空间。因此,基于定性模拟和 QSIM 算法原理,综合考虑群体安全行为的演化过程特性及群体的特点,在定性模拟及算法的基础上,尽可能引入定量分析的方法,优化群体安全行为定性模拟方法。这种方法主要应用对象为企业职工群体。

QSIM 算法本质是采用定性推导的方式实现定性问题的分析,因此,几乎所有优化方法均是在定性分析的基础上采用定量方式,来实现问题分析方式的多元化。优化后的职工群体安全行为定性模拟方法,以定性分析为主,主要负责完成群体安全行为的推导过程、状态转换的过滤过程、定性模拟规则的设定等环节;定量分析为辅,完成模拟结果的汇总分析、控制对策分析等。如图 3-3 所示,企业职工群体安全行为定性模拟流程主要包含变量设置、模拟过滤过程、模拟结果分析、模拟停止条件及定性模拟规则设置等步骤。

3.2.2.1 模拟变量及停止条件设置方法

模拟变量和模拟停止条件是保证定性模拟工作有效、可靠进行的前提,也是非常关键的前期准备阶段。

（1）模拟变量设置

大量关于职工群体安全行为的演化过程特性的研究文献表明,管理决策、群体环境对群体的安全行为起到了促进和干预作用。基于群体安全行为的定性模拟,将群体安全行为按其演化历程特征分为管理决策变量、群体环境变量、系统状态变量三种类型。

管理决策变量和群体环境变量分别用一元组 $X_i=<qval_{xi}>$ 和 $Y_i=<qval_{yi}>$ 表示群

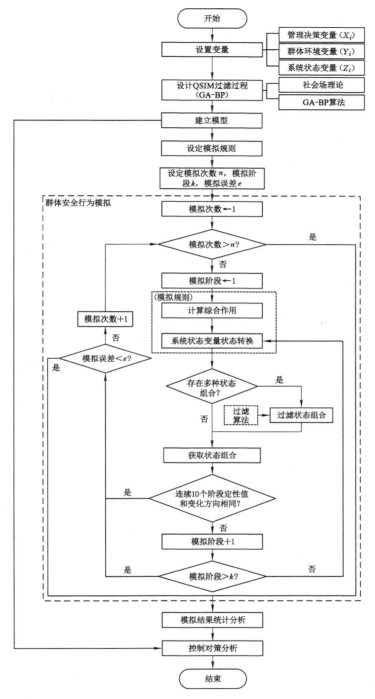

图 3-3 群体安全行为定性模拟流程

体中管理因素、群体所处环境对群体安全行为影响的强度，其中，$qval_{xi}=\{0,1,2\}$，$qval_{yi}=\{0,1,2\}$，对应的模糊量词分别为"无作用""低强度""高强度"。在此基础上，利用特定的状态转化规则，来决定管理决策和群体环境对系统状态变量的影响。在模拟分析中，系统的状态变量是最重要的对象,用二元组 $Z_i = <qval_{zi}, qdir_i>$ 的形式表示其定性值和变化方向。其中,$qval_{zi} = \{1,2,3,4,5\}$,其对应的模糊量词分别为"很低""低""一般""高"和"很高";$qdir_i = \{\downarrow, \searrow, \rightarrow, \nearrow, \uparrow\}$,分别表示"强减""弱减""不变""弱加"和"强加"。

（2）模拟停止条件

群体安全行为的定性模拟方法采用多阶段、多次数的方法,每次模拟都包括若干阶段。其中,模拟期是指系统状态变量根据某一特定规则,从当前的状态推断出后续的状态,是一个具有代表性的系统状态变量的时间段;模拟次数是按顺序排列的集合,包含了系统状态变量的全部演变,并将其作为这一模拟的最终结果。为防止单一模拟结果与真实情况有很大的偏差,往往需要多次模拟。

定性模拟过程是一个长期而复杂的过程,在没有合适的停止条件的情况下,仿真将会一直持续。QSIM算法的模拟主要是由多次数和多阶段组成,通过预先设置模拟的次数和阶段来终止模拟。若设置值太大,会使得模拟反复,造成模拟时间的浪费;若设置的数值太低,就无法进行足够的模拟,从而影响模拟的可靠性。所以,有必要对模拟停止的条件进行适当的设定,也就是说,在预定的时间范围内,可以选择终止模拟的次数和阶段。

对模拟阶段停止条件的设定。在连续的多个阶段,系统状态变量的定性值和改变方向一致时,说明该系统的状态变量是稳定的。在对大量模拟程序和结果进行总结和分析后,在不影响模拟结果和模拟效率下,将模拟阶段的停止条件分为 10 个阶段,即系统状态变量的定性值和变化方向连续 10 个阶段是一致的,则本次的模拟提前结束,进行下一次模拟。

对模拟次数停止条件的设定。如式(3-10)所示,如果系统状态变量的前几次模拟结果的期望值与本次模拟结果之差的绝对值小于规定的误差 e 时,则表示模拟结果符合误差要求,可以停止模拟。

$$\left| \frac{\sum_{i=1}^{n_b - 1} qval_i}{n_b - 1} - qval_{n_b} \right| \leqslant e \quad (n_b \leqslant n_c) \tag{3-10}$$

式中,$qval_i$ 为第 i 次模拟结果的定性值;$qval_{n_b}$ 为本次模拟结果的定性值;n_b 为当前模拟次数;n_c 为预设的模拟次数;e 为任意大于 0 的实数,通常取 $e = 0.08$。

3.2.2.2　模拟过滤方法

模拟过滤是群体安全行为定性模拟过程中的主要环节,合理的过滤方法能获得可靠的状态转换结果。本书根据社会场力原理,选择 GA-BP 算法作为 QSIM 过滤算法的一个重要组成部分,对 QSIM 的过滤过程进行优化,其思路参见 3.1.2.1。

首先,利用遗传算法求解 BP 神经网络的最优权值和阈值;然后利用 BP 神经网络对其进行计算和模拟,得到了模拟的结果。本书把群体看作在特殊情况下的一个社会场。社会场力对群体成员起到一定的影响,从而引起其对社会场的吸引。群体成员与社交场的关系愈密切,他们的行为就愈能满足社会场的要求,越能被群体所接纳,愈有安全感。通过将社会场相关理论和 GA-BP 算法相结合,可以提高 QSIM 算法的过滤效率,并使其更加完善。

在模拟过程中,根据状态转换规则,确定每个系统状态变量所受的综合作用,求出其后续状态,如果系统状态变量有多个后续状态,则需要使用由 GA-BP 算法优化的 QSIM 过滤算法进行过滤。模拟过滤的过程如图 3-4 所示。

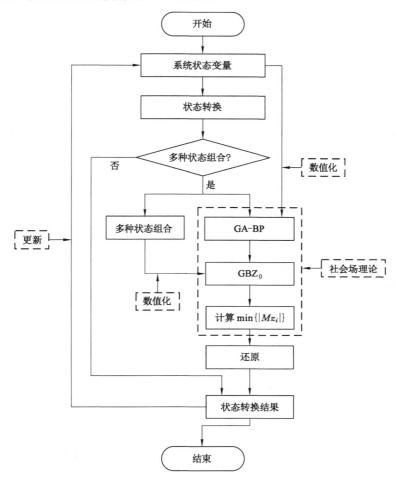

图 3-4　模拟过滤过程

首先对 $Z_i = <qval_{zi}, qdir_i>$ 进行一些数值化处理，按照表 3-1 的规定，把 $qdir_i$ 拆分成新变化方向 $qdir'_i$ 和变化时间 qdt_i，则原系统状态变量变为一个三元组 $Z'_i = <qval_{zi}, qdir'_i, qdt_i>$。其中，$qdir'_i = \{-1, 0, 1\}$ 分别表示"负方向""无变化"和"正方向"；$qdt_i = \{0, 1, 2\}$，分别表示"无变化""短时间"和"长时间"。如系统状态变量 $<3, \rightarrow>$ 在数值化处理后，则为 $<3, 0, 0>$。

群体初始化阶段，因为群体成员习惯了他们所处的社会环境和相关的管理举措，设社会场力 $Mz_0 = 0$。此处的 $Mz_0 = 0$ 并非是指社会场力的大小为 0，而是参考值为 0。系统状态变量 $Z'_0 = <qval_{z0}, qdir'_0, qdt_0>$ 与社会场力 Mz_0 存在一种映射关系，故将 $Z'_0 = <qval_{z0}, qdir'_0, qdt_0>$ 作为 GA-BP 算法输入，$Mz_0 = 0$ 作为输出，对 GA-BP 算法进行训练，则收敛后的 GA-BP 算法（记为 GBZ_0）就代表了该阶段群体所存在的社会场，当系统状态变量发生变化后，将变化后的 $Z'_i = <qval_{zi}, qdir'_i, qdt_i>$ 输入 GBZ_0，然后获取输出值 Mz_i，所获 $|Mz_i|$ 表示社会场对新行为的社会场力的大小，其正负号则表示作用方向。

在模拟过程中的某个阶段,当管理决策变量或群体环境变量发生变化,抑或者是系统状态变量发生了改变后,通过系统状态的转换,使系统状态变量形成了 s 个状态组合。将 s 个状态组合 $Z_i = <qval_{zi}, qdir_i>$ 按照表 3-1 转换成 $Z'_i = <qval_{zi}, qdir'_i, qdt_i>$,然后输入 GBZ_0,得到 s 个输出:$Mz_1, Mz_2, \cdots, Mz_S$;求 $\min\{|Mz_i|\}$,也就是将社会场力的绝对值最小的状态变量变换组合,作为该阶段的状态组合,放弃剩余的所有组合,不参加后面的模拟。根据表 3-1,将过滤后的结果进行还原,得出该阶段的系统状态变量。例如,过滤后结果为 $<3, -1, 2>$,按照表 3-1 还原后的系统状态变量为 $<3, \searrow>$。

由于群体安全行为的演化是一个长期的过程,每个阶段的群体成员都会逐步适应这个社会环境,所以在每次的模拟中,都将当前阶段的系统状态变量输入到 GA-BP 中,然后进行下一次的训练,而 GA-BP 则是新的 GBZ_0。重复上述的过程并进行重新过滤。

3.2.2.3 模拟结果分析方法

群体安全行为模拟可以观察、总结其演变过程及规律,模拟结果分析方法主要用于分析各要素对群体安全行为影响程度、管理决策和群体环境变量的实际平均值、系统状态变量定性值所占百分比、系统状态变量的变化方向等。系统状态变量的结果分析内容以结果汇总表、柱状图分析、饼状图分析、变化趋势图等形式展现,其模拟结果分析功能结构如图 3-5 所示。

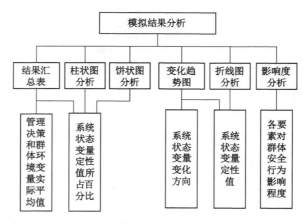

图 3-5 模拟结果分析功能结构

依据式(3-11)可以得到系统状态变量的定性值所占百分比,这反映了本次模拟中系统状态变量的定性值的分布。其中,定性值最高的是该变量最有可能达到的数值,也是衡量群体安全行为和相关因素的一个重要指标。为方便比较,将定性值所占的比例按模拟结果汇总,采用柱状图、饼状图等图表形式进行分析。

$$p_{ij} = \frac{s_{ij}}{n_c} \times 100\% \tag{3-11}$$

式(3-11)中,p_{ij} 是第 i 个系统状态变量的定性值 j 所占的百分比;s_{ij} 是第 i 个系统状态变量的定性值 j 在整个模拟过程中出现的次数之和,其中,$j = \{1, 2, 3, 4, 5\}$;n_c 为模拟的总次数。

以变化趋势图的形式,对各系统状态变量的变化趋势进行统计和分析。变化趋势图是一种对某一模拟过程中各模拟阶段的状态变量的定性值和变化方向进行统计分析的图表，反映了该模拟过程中各状态变量的演化趋势。

根据公式(3-12)，可以确定各个影响因素对群体的安全行为的影响。这一影响程度的大小，反映了群体行为演化中各个因素对群体安全行为的影响力度，作用力度大的因素将是在后续制定群体安全行为管控措施时重点考虑的方面。因此，该影响程度分析方法可为措施制定提供数据支撑。

$$I_i = (1 - \frac{|p_i - p_g|}{p_g}) \times 100\% \tag{3-12}$$

式(3-12)中，I_i 是群体安全行为水平对状态变量 Z_i 的影响程度；p_i 是在群体安全行为水平模拟值最集中的定性值上，状态变量 Z_i 模拟值的比例；p_g 是群体安全行为水平模拟值最为集中的比率。

3.2.2.4　模拟规则

模拟规则对群体安全行为的定性模拟具有重要意义，对于获得可靠模拟结果也具有重要意义。通过模拟过滤、模拟结果分析等方法，建立群体安全行为的定性模拟规则。

规则1：基于领导方式和决策内容来决定管理决策的变量，而群体环境的变化取决于内部和外部环境。在不确定的情况下，将随机数作为不确定因素的干扰，以合理的比例来模拟。

规则2：系统的状态参数值，可以按照一定的顺序改变，不能跨越式变化，但改变的方向，可以随着时间的推移而跃变。例如，系统状态变量的初始状态是(2,→)，状态转换后，定性值的可能取值只能是"1""2"或者"3"；变化方向却可以从"→"变成"↗""↘"或"↓""↑"。

规则3：若单一因素为系统状态变量，则直接提取变化方向作为系统变量的综合作用，然后将定性值和变化方向均代入规则表，继续推导后续的状态；若不是管理决策或群体环境变量，则将其定性值转换为综合作用。

规则4：若系统状态变量受多个因素作用，那么就需要按照各变量的状态转换规则来进行计算，得到各变量可能会受到的综合作用。根据变量的定性值、变化方向和综合作用，从通用转换规则表中推导出可能的状态。专项转换规则如附表F1-1～F1-5所示，通用状态转换规则如附表F1-6所示。

规则5：如果在所设置的模拟阶段数和次数中，连续10个阶段的状态变量的定性量和变化趋势都是一致的，则说明该系统的状态变量是稳定的，本次模拟提前终止；若前几次模拟的期望值与本次模拟的偏差小于设置误差，则提前终止模拟。若在模拟中达到以上要求，则按照所设置的模拟阶段和模拟次数进行仿真模拟。在大量模拟和经验总结的基础上，结合公式(3-10)，本书得出在停止状态下的模拟误差为0.08。

规则6：在规则3和规则4中，若出现多种可能状态，则按照表3-1把系统状态变量各参数转换成对应数值，然后使用过滤算法，选择实际中最有可能出现的状态，并把最后的过滤结果按照表3-1还原。

图3-6为综合作用的计算方法。

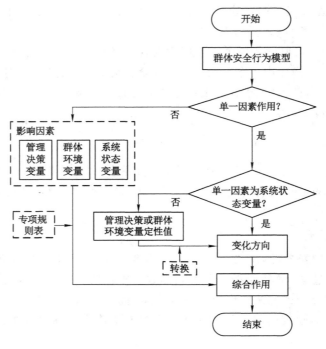

图 3-6　综合作用的计算方法

3.3　新型优化方法

3.3.1　优化过滤过程

在群体安全行为定性模拟过程中,过滤处理对提高模拟的可靠性起着关键作用。通常情况下,利用 BP 神经网络和 GA-BP 算法来过滤状态组合。BP 网络在寻求最优解的同时,也存在着陷入局部极小值、收敛缓慢等问题,这使得过滤效果不够精确,从而影响了模拟结果。虽然 GA-BP 算法能有效地克服 BP 神经网络的不足,GA-BP 算法在样本数量有限的条件下,仍然存在计算量大、延迟模拟和模拟效率低的问题。

本书将在 QSIM 算法的基础上,设计新的过滤方法以解决如下问题:

(1)提高过滤结果的准确性。过滤结果的准确性会影响模拟结果的可靠性,新过滤方法首先要解决的问题是如何保证过滤结果是正确的,也就是得到一个唯一的、最合理的组合结果。

(2)改善过滤效果,提高过滤效率。在保证过滤结果的情况下,尽量减少计算时间,从而达到改善过滤效果的目的。

新过滤方法是根据社会场相关原理设计的,其步骤如图 3-7 所示。

系统状态变量经过状态转换后,若有多种状态组合出现,则需要调用该过滤方法,其具体过程如下(其中变量量化、变量还原等过程如前文所述):

(1)计算社会场

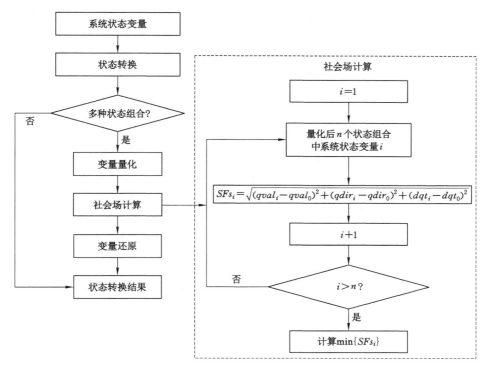

图 3-7　新过滤方法流程

　　假设某一阶段存在 n 种不同的状态组合,需要逐一计算此时每种状态组合相对于初始状态的社会场变化量,计算方法如下:

$$SFs_i = \sqrt{(qval_i - qval_0)^2 + (qdir'_i - qdir'_0)^2 + (qdt_i - qdt_0)^2} \qquad (3\text{-}13)$$

式中,$qval_0$ 表示初始状态下系统状态变量的定性值;$qval_i$ 表示当前状态下第 i 种状态组合的系统状态变量的定性值;$qdir'_0$ 表示量化后初始状态下系统状态变量的变化方向;$qdir'_i$ 表示量化后当前状态下第 i 种状态组合的系统状态变量的变化方向;qdt_0 表示量化后初始状态下系统状态变量的变化时间;qdt_i 表示量化后当前状态下第 i 种状态组合的系统状态变量的变化时间;SFs_i 表示当前状态第 i 种状态组合的系统状态变量与初始状态的社会场变化量。

　　(2) 计算最小变化量

　　由于群体行为的改变是一个长期而复杂的过程,根据社会场学原理,在所有的状态组合中,最小的变化量状态组合是目前最合理的,通过计算最小变化量,就可以选择出最为合理的状态组合。求解 $\min\{SFs_i\}$。当再次出现多种状态组合时,则重复上述过滤方法获取模拟结果。

　　该方法与 GA-BP 过滤方法相比,具有较快的运算速度和较高的过滤精度。采用相同的模型和方案展开模拟,比较了过滤时间和过滤后的模拟效果,从而验证了本方法的优势。

　　图 3-8 为不同方法过滤后模拟结果对比图,对比分析了三种不同的模拟结果,三种方法分别为:不过滤、GA-BP 过滤和本方法过滤。模拟结果对比表明:在同一模拟条件下,不同的过滤算法会影响模拟的效果。从图 3-8 中可知,各系统状态变量最终模拟结果均在

80％以上,且该方法能有效提高模拟结果的可靠性,该方法的模拟结果比其他两种方法更高。和 GA-BP 的过滤方法相比,该方法的过滤效果最大提升了 6.8％左右。本方法与其他方法过滤效果对比情况如图 3-9 所示。

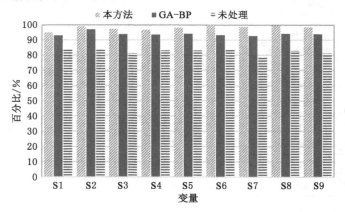

图 3-8　不同方法过滤后模拟结果对比图

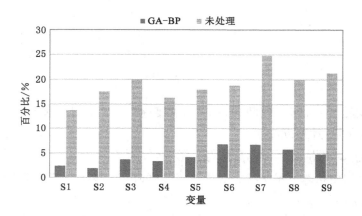

图 3-9　本方法与其他方法过滤效果对比图

本方法的另一个优势是计算时间比较少。本方法的计算时间与其他方法对比如图 3-10 所示。

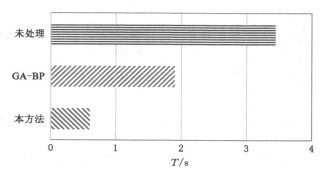

图 3-10　本方法与其他方法计算时间对比图

图 3-10 表明,本方法的计算时间比其他过滤方法的计算时间少,比 GA-BP 的过滤方法缩短了 1.301 s。

总之,本书中描述的过滤方法具有较高的效率和可靠性,同时保证了模拟结果的准确性;模拟结果与实际情况相吻合,有利于制定科学有效的安全管理对策。

3.3.2　优化定性模拟的全过程

群体安全行为定性模拟方法是解决群体安全行为状态随时间变化这一定性问题的计算方法,通常采用多次多阶段方式进行模拟(即,每次模拟由多个模拟阶段组成),包括约束条件设置、过滤过程、结果分析等关键环节。因此,本书以 QSIM 算法为基础,采用数据挖掘、ANFIS-Restraint、Multi-Agent、机器学习等先进的科学方法,设计优化群体安全行为定性模拟的全过程,并验证其实用效果,为职工群体安全行为预警机制的研究奠定基础。研究内容概要如图 3-11 所示,详细内容如下。

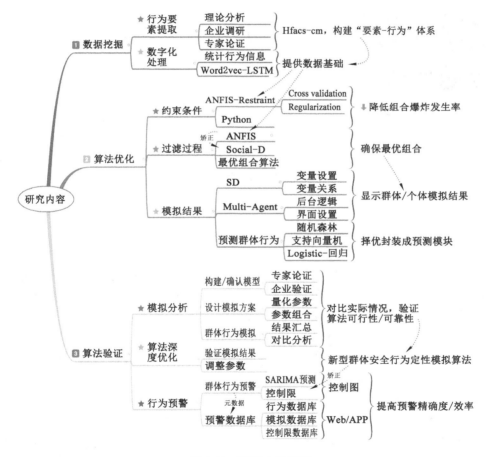

图 3-11　研究内容概要

3.3.2.1　挖掘群体安全行为数据

(1) 群体行为要素提取

通过查阅文献,结合群体动力学、组织行为学,初步提取群体安全行为要素。初步确定群体安全行为要素后,通过走访煤矿企业,实地调研,获取现场一手资料,然后据此筛选群体安全行为要素,确保要素既能体现群体行为的真实性,又具有代表性。经过专家论证确定群体安全行为要素。

通过分析事故案例,构建 Hfacs-cm 模型,确定群体外部环境、群体内部作用、群体压力、群体安全文化等要素对安全行为的影响。结合现场获取的资料,明确每种要素所对应的企业实际生产中的安全行为,构建"要素-行为"体系。

(2)群体行为数字化

借助前期研发的安全监察管理信息系统、职工不安全行为监察管理系统和职工不安全行为控制对策管理系统,从企业采集数据,构建 Word2Vec-LSTM 模型,从大量文本数据中挖掘行为数据,方案如图 3-12 所示。

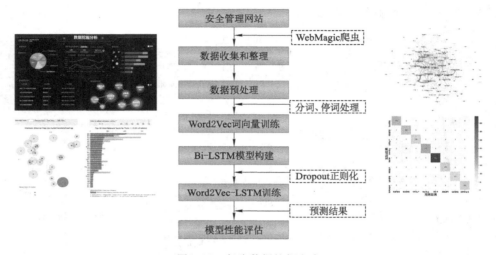

图 3-12　行为数据挖掘方案

根据"要素-行为"体系,按要素不同,对企业现场安全行为信息进行分类,汇总数据,并最终确认群体行为要素。通过分析代表不同要素的安全行为,量化群体安全行为要素,计算各要素的占比、对群体安全行为的影响程度等数据。

3.3.2.2　群体安全行为定性模拟算法全面深入优化

下面将对约束条件、过滤过程、模拟结果进行全面优化,完善群体安全行为定性模拟算法,其研究方案如图 3-13 所示。

(1)优化约束条件

首先构建 ANFIS-Restraint 模型,将数字化的群体安全行为数据作为 ANFIS-Restraint 的输入。为解决过度拟合问题,需经过 Cross Validation(交叉验证)和 Regularization(权重正则化)处理,ANFIS-Restraint 通过自组织和学习,完成模糊推理,计算群体安全行为状态转换的约束条件,加强约束能力,在状态转换之前降低或消除组合爆炸。同时,使用 Python 设计约束条件计算模块,既能提高运算效率,也可与后续机器学习算法相结合。

(2)优化过滤过程

基于社会场理论,设计过滤过程的新方法。首先对系统的状态变量进行定量化,将其分

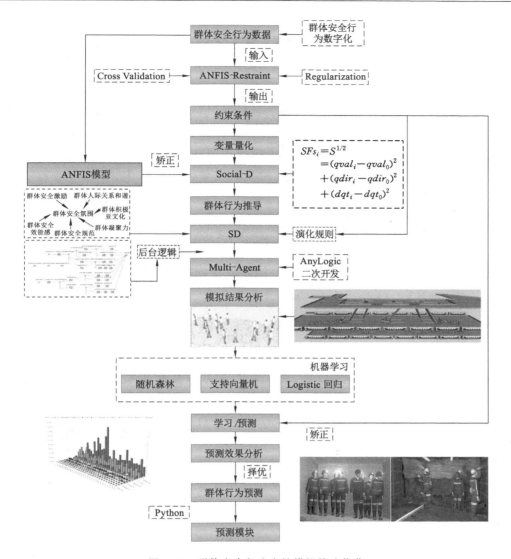

图 3-13 群体安全行为定性模拟算法优化

解为变化的方向和时间。把原本的系统状态变量 $S_i = <qval_{si}, qdir_i>$ 转化为 $S_i = <qval_{si}, qdir'_i, qdt_i>$，将图形符号映射成数值；然后构建 Social-D 模型，计算当前状态第 i 种状态组合的系统状态变量与初始状态的社会场变化量 SFs_i；将群体安全行为数据作为 ANFIS 的输入，将 ANFIS 得到的结果矫正 SFs_i；随后，计算最小变化量 $\min\{SFs_i\}$，筛选出最合理的状态组合；最后，还原变量，计算得出最合理的状态组合，按拆分规则逆向推算，获得过滤后的模拟结果。

（3）优化模拟结果

在模拟结果分析中，根据过滤得到的状态组合，构建 SD+Multi-Agent 模型，分析群体安全行为的整体和内部的变化。首先，群体行为在经历约束条件的约束、过滤过程的筛选后，完成推导，得到群体行为各阶段的数据。把各阶段的数据作为 SD 的约束方程，推演出群体和内部成员的行为状态变化过程。

然后,在 AnyLogic 中,结合 SD 的约束方程进行 Multi-Agent 模型的二次开发,充分发挥其图形界面优势,探寻分析群体和内部成员的行为状态变化,如图 3-14 所示。

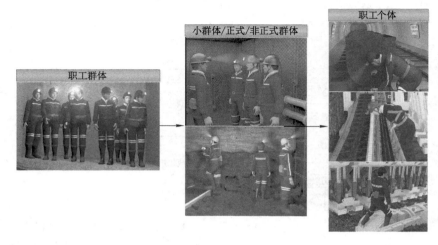

图 3-14　群体安全行为状态变化

最后,根据模拟结果中的数据,选用随机森林、支持向量机、Logistic 回归等机器学习算法,分别构建预测模型并设置迭代次数、学习深度、误差等参数,对数据样本进行学习,使用约束条件矫正其学习过程。对比三种算法的预测效果,选择预测效果最佳的算法预测模拟过程中群体行为可能出现的变化趋势。最后,将群体行为预测算法使用 Python 集成为预测模块。

3.3.2.3　群体安全行为定性模拟算法验证

在此基础上,对优化后的群组安全行为定性仿真算法进行模拟,以检验该算法的可行性、可靠性和先进性。其流程如图 3-15 所示。

(1)模拟分析

在群体安全行为数字化分析的基础上,根据"行为-要素"体系,提取群体安全行为影响因素,构建煤矿职工群体安全行为定性模型(即 QSIM 模型)。通过专家论证,初步确认模型的可行性,经过模拟实验和检测分析,将模拟结果与煤矿企业的实际情况进行对照,验证并确认模型的可靠性。

然后,量化各状态参数(包括定性值和变化方向),归纳总结具有代表性的状态参数组合,设计模拟方案。运用优化的群体安全行为定性模拟算法,模拟分析各方案,对比分析模拟结果,预测煤矿职工群体安全行为的演化趋势。

最后,收集模拟结果、预测结果和煤矿企业实际情况,进行对比分析,如果与实际情况一致,则表明优化的群体安全行为定性模拟算法可行;否则,从算法优化的每个细节入手,调整算法的优化方案。

(2)深度优化

结合模拟和验证结果,从算法设计的每个环节综合考虑,深入分析优化的群体安全行为定性模拟算法的性能,查找不足。如果发现算法存在问题,则调整算法参数、步骤等,深度优

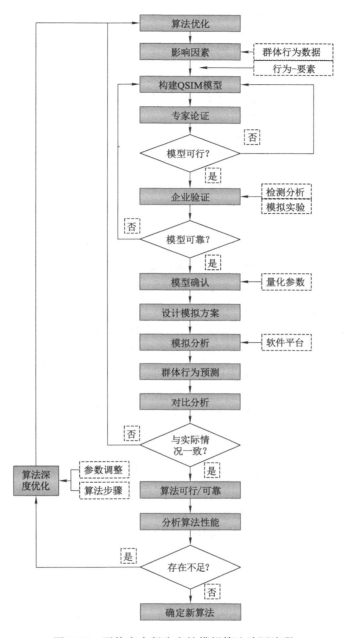

图 3-15　群体安全行为定性模拟算法验证流程

化群体安全行为定性模拟算法。如果深度优化后,算法经分析评估不存在问题,则为最终确定的群体安全行为定性模拟新算法。

3.4　模拟案例分析

本节将以煤矿职工群体为研究对象,运用 3.1.3 所述优化后的定性模拟方法(QSIM),

模拟分析群体安全行为态势,探究其演化规律。

3.4.1 煤矿职工群体安全行为模型

煤矿职工的安全行为模式是定性模拟的基础,也是其实际应用的重要载体。通过对群体安全行为进行模拟,不仅能反映出模拟算法的完整性,而且能够验证有关软件平台的可靠性。为此,本书针对煤矿安全行为的定性模拟技术,建立煤矿安全行为的模型,并对其进行验证,确定相关因素的状态转化规则。

3.4.1.1 模型构建

本书从正式群体和非正式群体的角度出发,建立了煤矿职工的安全行为模式。在此基础上,将变量分为 19 个系统状态变量、10 个管理决策变量、9 个群体环境变量。其中,由矩形所示的变量代表群体安全行为及相关因素的变动的系统状态变量;以圆角矩形表示的变量是管理决策变量,反映出领导者与公司经营模式及相关决策对群体的影响;六边形表示的是群体环境变量,主要考虑群体内外环境可能造成的影响。在这一模型中,不同的群体因素构成了一个特殊的社会场,这些因素都对群体的安全行为产生了直接或间接的影响。模型中每个变量(因素)都是对安全生产过程中煤矿职工群体特征的高度概括,均能反映群体安全行为及相关因素的状态。例如:人际和谐(Z_1)反映了煤矿企业的班组(或区队)成员在工作中相处的和谐程度。煤矿生产环境复杂、风险大,要求整个团队齐心协力,共同努力。只有成员们和睦相处,才能保证他们的工作是统一的。因而,团队(区队)的和谐工作关系对团队凝聚力产生了很大的影响。

煤矿职工群体安全行为模型的建立思路是:基于群体的特性和行为类型,研究各个要素之间的交互作用,并对正式群体和非正式群体的安全行为进行分析。正式群体安全行为受群体安全规范、安全绩效、从众行为等因素的影响,同时受到事故损失、外部群体、工作环境等因素的干扰;安全管理、安全教育、安全文化、群体压力、管理引导等方面的影响是积极的;安全绩效受群体安全规范、安全意识的影响;从众行为是由群体的心理安全感和群体压力引起的,群体的心理安全受到群体的凝聚力的影响。

非正式群体是指有着共同目的或利益的人的集合,因而其显著特点就是自利。个体行为、安全态度、工作满意度、安全动机是影响非正式群体安全行为的重要因素。在进化过程中,行为矫正、工作经验分享、激励等因素对个体产生积极影响,而人机不匹配、任务难度、省能、侥幸等心理因素和行为习惯对个体进化有负面影响;群体安全目标和群体压力的作用下,形成了安全动机;工作满意度会影响安全态度;团队心理安全对工作满意度有显著影响。

在图 3-16 所示模型中,安全绩效、群体凝聚力、群体压力又分别受到其他多种因素影响,它们的相互作用关系简述如下:人际关系的干扰与交流对人际关系的和谐起着重要的作用,其中人际关系的干扰对人际关系的和谐起着负面的作用,而交流对人际关系的和谐则起到了积极的作用;人际关系和谐通过群体凝聚力、群体心理安全感、从众行为对正式群体与非正式群体的安全行为产生间接的影响;在正式群体和非正式群体中,安全意识对其安全行为有显著的正向作用;群体安全效能感知会对群体凝聚力有正向作用,也会对群体安全氛围产生积极作用,群体安全氛围也会受到群体安全文化的影响;正式群体安全行为和非正式群体安全行为共同影响群体安全行为水平的变化。

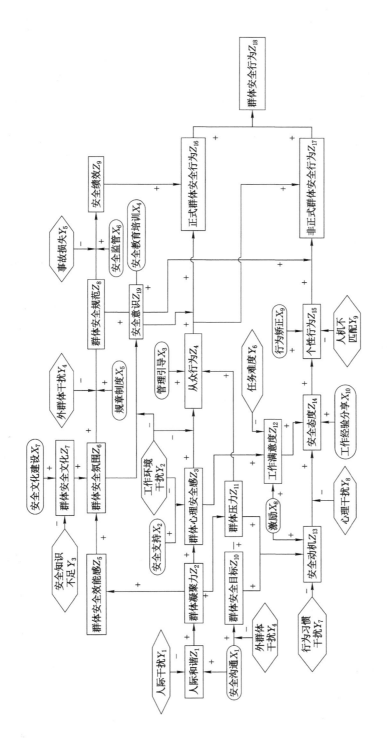

图3-16 煤矿职工群体安全行为模型

3.4.1.2 模型确认

该模型是否合理，是否能够正确地反映出煤矿职工的行为特征，是对职工安全行为定性模拟和相应的软件平台进行验证的关键。所以，对模型进行确认是非常关键的。

模型确认是指通过模拟和结果分析，对模型的合理性、有效性和充分性进行衡量，并加以修改完善。在此基础上，结合组织行为学的基本原理，建立多种可预测的方案，并进行试验模拟。若模拟结果与期望相符，说明该模型是较为合理的，反之，则需对该模型进行修正。例如，当群体所有系统状态变量的初始状态（3，→），即水平"一般"且方向不变，环境干扰为"低强度"（定性值是1）或"高强度"（定性值是2），不采取任何干预措施（定性值是0）时，如果模拟结果最终表明群体各要素会向"很低"（定性值是1）水平演变，则可以初步判定该模型是较为合理的；然后，继续使用其他可预见结果的方案进行实验性模拟，直至最终确定出合理的模型。

3.4.1.3 状态转换规则

模型是指各个因素之间的直接因果关系的一种图解，如果没有相应的状态变换规则，模型就不能正常工作。因此，在模拟过程中，状态变换规则是保证模拟过程顺利进行的重要保证。

在系统状态变量的转化过程中，必须遵循预定的转换规则。状态变换规则是一个变量在下一个演化过程中的一个限制条件，它的作用方向和强度都有很大的差别，所以在理论上必须为各个系统的状态变量制定相应的状态变换规则。表 3-2 中显示了对应于系统状态变量 $Z_1 \sim Z_{19}$ 的状态变换规则。

表 3-2 状态转换规则概况

序号	类型	系统状态变量	详情
1	XY_Z	Z_1, Z_7, Z_{10}	附表 F1-1
2	XYZ_Z	$Z_3, Z_9, Z_{12}, Z_{15}, Z_{19}$	附表 F1-2
3	$XYZZ\_Z$	Z_4, Z_8, Z_{13}, Z_{14}	附表 F1-3
4	ZZ_Z	Z_6, Z_{11}, Z_{18}	附表 F1-4
5	ZZZ_Z	Z_{16}, Z_{17}	附表 F1-5
6	Z_Z	Z_2, Z_5	规则 3

表 3-2 中，X 表示管理决策变量、Y 表示群体环境变量、Z 表示系统状态变量。比如，表 3-2 中序号 2 的一行信息，XYZ_Z 表示系统变量是到一个管理决策变量、一个群体环境变量、一个系统状态变量综合影响的结果。序号 6 所属一行信息为系统状态变量只受一个系统状态变量的影响。

依据图 3-16 模型和表 3-2 状态转换规则，定性模拟规则算法流程如下：

① 设定模拟次数、阶段、误差等，并将当前模拟次数和阶段均设为1。

② 如果完成模拟阶段，则跳转至㉓，否则进入下一模拟阶段。

③ 根据规则1，确定管理决策变量、群体环境变量的取值。首先确定"安全沟通"（X_1）和"人际干扰"（Y_1）的值，根据规则4和表 3-2 中序号 1 所示内容，确定"人际和谐"（Z_1）的后

续状态。

④ 根据规则 3,确定"群体凝聚力"(Z_2)的后续状态。

⑤ 获取"安全支持"(X_2)和"工作环境干扰"(Y_2)的值,结合"群体凝聚力"(Z_2)的变化方向,根据规则 4 和表 3-2 中序号 3 所示内容,计算"群体心理安全感"(Z_3)的后续状态。

⑥ 确定"管理引导"(X_3)的值,结合"工作环境干扰"(Y_2)和"群体心理安全感"(Z_3),根据规则 4 和表 3-2 中序号 3 所示内容,获取"从众行为"(Z_4)的后续阶段的定性值和变化方向。

⑦ 根据规则 3,结合"群体凝聚力"(Z_2)的变化方向,确定"群体安全效能感"(Z_5)的状态。

⑧ 根据规则 4 和表 3-2 中序号 4 所示内容,结合"群体安全效能感"(Z_5)和"群体安全文化"(Z_7)的变化方向,确定"群体安全氛围"(Z_6)的状态。

⑨ 确定"安全文化建设"(X_7)和"安全知识不足"(Y_3)的值,根据规则 4 和表 3-2 中序号 1 所示内容,计算"群体安全文化"(Z_7)的后续状态。

⑩ 获取"外群体干扰"(Y_4)和"规章制度"(X_5)的值,结合"群体安全氛围"(Z_6)和"安全意识"(Z_{19})的变化方向,根据规则 4 和表 3-2 中序号 3 所示内容,确定"群体安全规范"(Z_8)的后续状态。

⑪ 确定"安全监管"(X_6)和"事故损失"(Y_2)的取值,结合"群体安全规范"(Z_8)的变化方向,根据规则 4 和表 3-2 中序号 2 所示内容,计算"安全绩效"(Z_9)的状态。

⑫ 结合"安全沟通"(X_1)和"外群体干扰"(Y_4)的取值,根据规则 4 和表 3-2 中序号 1 所示内容,计算"群体安全目标"(Z_{10})的状态。

⑬ 根据规则 4 和表 3-2 中序号 4 所示内容,结合"群体凝聚力"(Z_2)和"群体安全目标"(Z_{10}),获得"群体压力"(Z_{11})的状态。

⑭ 获取"任务难度"(Y_6)和"激励"(X_8)的取值,结合"群体心理安全感"(Z_3)的变化方向,根据规则 4 和表 3-2 中序号 2 所示内容,计算"工作满意度"(Z_{12})的后续状态。

⑮ 确定"行为习惯干扰"(Y_7)的取值,结合"激励"(X_8)的取值、"群体安全目标"(Z_{10})和"群体压力"(Z_{11})的变化方向,根据规则 4 和表 3-2 中序号 2 所示内容,计算"安全动机"(Z_{13})的状态。

⑯ 确定"工作经验分享"(X_{10})和"心理干扰"(Y_8)的取值,结合"工作满意度"(Z_{12})和"安全动机"(Z_{13})的变化方向,根据规则 4 和表 3-2 中序号 3 所示内容,计算"安全态度"(Z_{14})的状态。

⑰ 确定"行为矫正"(X_9)和"人机不匹配"(Y_9)的数值,结合"安全态度"(Z_{14})的变化方向,根据规则 4 和表 3-2 中序号 2 所示内容,获取"个性行为"(Z_{15})下一阶段的定性值和变化方向。

⑱ 结合"从众行为"(Z_4)、"安全绩效"(Z_9)和"安全意识"(Z_{19})的变化方向,根据规则 4 和表 3-2 中序号 5 所示内容,计算"正式群体安全行为"(Z_{16})下一阶段的定性值和变化方向。

⑲ 结合"从众行为"(Z_4)、"个性行为"(Z_{15})和"安全意识"(Z_{19})的变化方向,根据规则 4 和表 3-2 中序号 5 所示内容,计算"非正式群体安全行为"(Z_{17})下一阶段的定性值和变化方向。

⑳ 结合"正式群体安全行为"(Z_{16})和"非正式群体安全行为"(Z_{17})的变化方向,根据规则 4 和表 3-2 中序号 4 所示内容,计算"群体安全行为"(Z_{18})下一阶段的定性值和变化

方向。

㉑ 确定"安全教育培训"(X_4)的取值,结合"工作环境干扰"(Y_2)的取值和"群体安全氛围"(Z_6)的变化方向,根据规则 4 和表 3-2 中序号 2 所示内容,计算"安全意识"(Z_{19})的后续状态。

㉒ 保存本阶段所有变量的模拟数据。如果满足模拟停止条件中的模拟阶段的停止要求或达到设定的模拟阶段数,则转向㉓,否则,模拟阶段加 1,转向③

㉓ 如果满足模拟停止条件中的模拟次数的停止要求或达到设定的模拟次数,则转向㉔,否则,模拟次数加 1,转向③。

㉔ 进行模拟结果统计分析,最后退出模拟。

以上的状态变换和定性模拟规则的计算过程,明确了群体的安全行为模式模拟约束条件,从而保证了模型的顺利模拟。

3.4.2 模拟方案设计

煤矿职工群体的安全行为模型的管理决策变量、群体环境变量和系统状态变量的初始状况是不一样的,最后得到的模拟数据结果也是不同的,为方便分析煤矿职工面临的群体环境干扰以及不同的管理决策对他们的安全行为的影响,本书从各个影响因素的初始状态出发,在不同的情况下,分别设置了不同情况下的模型变量的初值,最后编制了 21 个模拟方案,如表 3-3 所示,每一种方案代表了典型的煤矿职工安全行为的初始状态。

表 3-3 模拟方案表

模拟方案	管理决策变量 X										群体环境变量 Y	系统状态变量 Z	备注	
	X_1	X_2	X_3	X_4	X_5	X_6	X_7	X_8	X_9	X_{10}	Y_1-Y_9	Z_1-Z_{19}		
1	0	0	0	0	0	0	0	0	0	0	1	<3,→>	面对干扰,不采取对策	
2	1	1	1	1	1	1	1	1	1	1	1	<3,→>	采取与干扰强度相当的决策	
3	2	2	1	1	1	1	1	1	1	1	1	<3,→>	增强群体动力	
4	1	1	1	2	2	2	2	1	1	1	1	<3,→>	加强安全绩效各要素	
5	1	1	2	2	1	1	1	1	1	1	1	<3,→>	加强从众行为各要素	
6	1	1	1	1	1	1	2	2	2	2	1	<3,→>	加强个性行为各要素	
7	2	2	2	2	2	2	2	2	2	2	1	<3,→>	面对干扰,采取高强度对策	
8	0	0	1	1	1	1	1	1	1	1	1	<3,→>	忽略群体动力的作用	初始状态"一般"
9	1	1	1	1	0	0	0	1	1	1	1	<3,→>	忽略安全绩效各要素	
10	1	1	0	0	1	1	1	1	1	1	1	<3,→>	忽略从众行为各要素	
11	1	1	1	1	1	1	1	0	0	0	1	<3,→>	忽略个性行为各要素	
12	0	0	2	2	2	2	2	2	2	2	1	<3,→>	忽略群体动力,加强其他因素	
13	2	2	2	2	0	0	0	2	2	2	1	<3,→>	忽略安全绩效,加强其他因素	
14	2	2	0	0	2	2	2	2	2	2	1	<3,→>	忽略从众行为,加强其他因素	
15	2	2	2	2	2	2	2	0	0	0	1	<3,→>	忽略个性行为,加强其他因素	

表3-3(续)

模拟方案	管理决策 变量 X										群体环境 变量 Y	系统状态 变量 Z	备注	
	X_1	X_2	X_3	X_4	X_5	X_6	X_7	X_8	X_9	X_{10}	Y_1-Y_9	Z_1-Z_{19}		
16	1	1	1	1	1	1	1	1	1	1	1	$<2,\rightarrow>$	采取与干扰强度相当的对策	初始状态"低"
17	2	2	2	2	2	2	2	2	2	2	1	$<2,\rightarrow>$	采取高于干扰强度的对策	
18	0	0	0	0	0	0	0	0	0	0	1	$<4,\rightarrow>$	面对干扰,不采取对策	初始状态"高"
19	1	1	1	1	1	1	1	1	1	1	1	$<4,\rightarrow>$	采取与干扰强度相当的对策	
20	2	2	2	2	2	2	2	2	2	2	1	$<4,\rightarrow>$	采取高于干扰强度的对策	
21	0	0	0	0	0	0	0	0	0	0	1	$<5,\rightarrow>$	面对干扰,不采取对策	初始状态"很高"

所有的方案都将模拟次数设为1 000,仿真阶段设置为20,设置0.08的模拟误差。在模拟过程中,若达到定性模拟的终止条件,模拟次数和模拟阶段均可智能地选择终止。在对各种方案的模拟结果进行比较和分析的基础上,深入总结和探寻煤矿职工的安全行为演化规律,运用对策优化法,寻找有效的防治措施。

3.4.3 模拟结果及规律分析

3.4.3.1 模拟结果分析

本书按照系统变量的初始状态,将模拟方案划分为4种类型,即初始状态"一般"(方案1~15)、初始状态"低"(方案16~17)、初始状态"高"(方案18~20)、初始状态"很高"(方案21)。由于所有方案均是基于上文设计的定性模拟方法,因此各方案模拟过程相似,模拟结果表达方式几乎一致。限于篇幅,本书重点介绍方案1和2的模拟结果分析过程,其他方案的模拟结果见附录2。

(1) 模拟方案1——煤矿职工群体安全行为水平一般,面对群体周围的多种环境干扰,不采取任何的干预管理措施。

模拟方案1为 $X=0,Y=1,Z=<3,\rightarrow>$,即群体安全行为及各要素的初始状态一般(定性值是3),方向不变(变化方向为→);9个群体环境变量的初始值为低干扰(定性值是1);不采取任何干预措施,即,10个管理决策变量不起任何作用(定性值是0),得到图3-17~图3-21所示结果。

如图3-17所示,若煤矿职工的周围有多种环境干扰,而在这个时候,没有采取相应的管理措施,那么该群体的安全行为水平(Z_{18})集中在"很低"(定性值为1)的比例为98.90%,正式群体(Z_{16})和非正式群体(Z_{17})安全行为水平集中在"很低"(定性值为1)的比例分别为98.40%和99.10%,其他各要素均集中在"很低"水平,且比例均在94.00%以上。

为了更清晰直观地观察和分析群体安全行为(Z_{18})和相关因素的定性值分布,将方案1仿真结果中的各系统状态变量的定性值比例进行综合分析,并将其结果以图形的形式呈现。在图3-18和图3-19中,对方案1中的所有系统状态变量进行了柱状图和饼状图分析。

结果表明,群体各要素及安全行为水平主要集中在定性值1,这表明整个系统的各状态

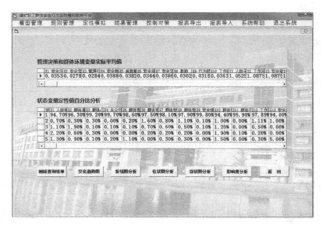

图 3-17　方案 1 模拟结果统计

■ Z_1-人际和谐　　　■ Z_8-群体安全规范　　　▨ Z_{14}-安全态度
▨ Z_2-群体凝聚力　　　■ Z_9-安全绩效　　　　　■ Z_{15}-个性行为
■ Z_3-群体心理安全感　■ Z_{10}-群体安全目标　　▨ Z_{16}-正式群体安全行为
▨ Z_4-从众行为　　　　■ Z_{11}-群体压力　　　　■ Z_{17}-非正式群体安全行为
■ Z_5-群体安全效能感　▨ Z_{12}-工作满意度　　　■ Z_{18}-群体安全行为
▨ Z_6-群体安全氛围　　■ Z_{13}-安全动机　　　　■ Z_{19}-安全意识
■ Z_7-群体安全文化

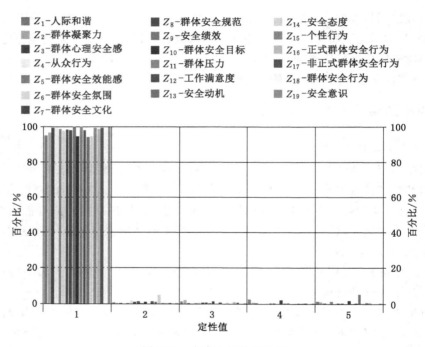

图 3-18　方案 1 柱状图分析

均向"很低"方向发展。选取与本方案的模拟结果最接近的一次,选取本方案第 1 000 次模拟中的 20 个阶段,分析群体安全行为(Z_{18})的变化规律,作出其变化趋势图,如图 3-20 所示,可以直观地看到群体安全行为水平在环境干扰的作用下,从第 3 阶段开始,变化方向变为"弱减"("↘"),表明其出现下降趋势,在第 4 阶段降低至"低"(定性值为 2)水平;直至第 10 阶段,群体安全行为水平继续下降至"很低"水平,且在第 16 阶段,变化方向变为"强减"("↓"),表明群体安全行为水平会继续恶化。

通过分析,依据不同因素之间的交互作用,得出模拟结果及各阶段的变化趋势。方案 1 各要素对群体安全行为水平的影响程度如图 3-21 和表 3-4 所示。

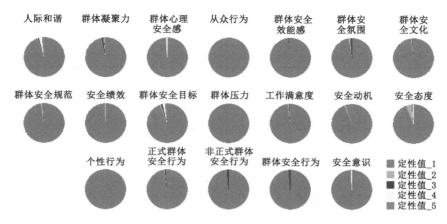

图 3-19 方案 1 饼状图分析

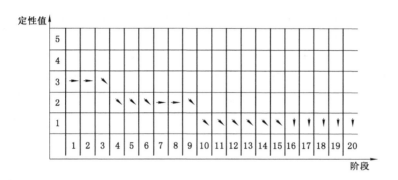

图 3-20 方案 1 群体安全行为变化趋势图

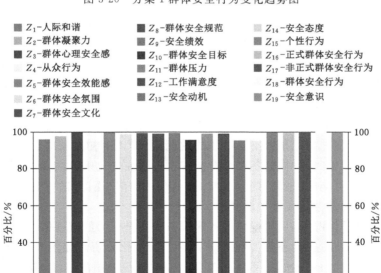

图 3-21 方案 1 各要素影响程度柱状图

表 3-4　方案 1 各要素影响程度汇总表

变量	影响程度	变量	影响程度	变量	影响程度	变量	影响程度
Z_1	95.75%	Z_6	98.58%	Z_{11}	98.99%	Z_{16}	99.49%
Z_2	97.37%	Z_7	99.19%	Z_{12}	98.98%	Z_{17}	99.80%
Z_3	99.70%	Z_8	98.99%	Z_{13}	95.05%	Z_{18}	100.00%
Z_4	99.19%	Z_9	99.09%	Z_{14}	95.35%	Z_{19}	99.49%
Z_5	99.70%	Z_{10}	95.45%	Z_{15}	99.70%		

由图 3-21 中可以看出,各要素对煤矿职工群体安全行为的影响程度均在 95.00% 以上。由表 3-4(方案 1 各要素的影响程度汇总表)可知,非正式群体安全行为(Z_{17})对群体安全行为(Z_{18})的影响程度为 99.80%,高于正式群体的影响程度(99.49%)。这是由于非正式群体具有很强的自利性,他们的成员都是为了共同的利益而团结在一起,在受到环境的影响时,他们都以自己的利益为重,而在省能、侥幸等心理的影响下,他们的生产行为很有可能会朝着不安全的方向转变,从而导致他们的安全行为水平降低得更快;正式群体具有一定的组织性和群体安全准则,受到规则和其他管理措施的制约,他们的安全行为降低速度低于非正式群体。在非正式群体中,其安全行为水平的下降会导致整体群体的安全行为发生变化。结果表明,在方案 1 中,非正式群体对群体安全行为的影响要大于正式群体的安全行为。

以上分析结果显示,当煤矿职工的安全行为为一般状态,在受到外界干扰而不进行干预的情况下,其安全行为水平最终会朝着"很低"(定性值为 1)的程度下降;在煤矿职工的安全行为演化过程中,非正式群体的行为改变对其安全行为的影响最大。

(2) 模拟方案 2——煤矿职工群体安全行为水平一般,面对群体环境干扰,采取与干扰强度相当的控制对策。

模拟方案 2 为 $X=1, Y=1, Z=<3, \rightarrow>$,即群体安全行为及各要素相关的系统状态变量的初始状态均一般(定性值是 3),方向均为不变;存在群体环境干扰,即 9 个群体环境变量的初始值为低干扰(定性值为 1);采取与环境干扰强度相当的管理措施,即 10 个管理决策变量强度为低强度(定性值为 1)。该方案的模拟结果如图 3-22~图 3-24 所示。

由图 3-22 可以看出,各系统的状态变量的定性值都是分散的,其结果是"很低""一般"和"很高","低"与"高"的情况也是零散的。但是,各系统状态变量都集中在"很低"的水平上,这一比例要比其他的指标稍微高一些。这说明,当群体的初始状态一般,采取与干扰强度相当水平的管理措施时,群体的各个因素和安全行为在进化中的演变方向是不确定的,也就是说,它们最终有可能向"很高"的层次发展,也有可能向"很低"的方向发展,但是"很低"的可能性要比其他的定性值要大得多。

在方案 2 所示的情况下,煤矿群体的各个因素和安全行为的定性值都是比较分散的,要想明确它们的具体演化过程,还需要对其进行趋势的变化分析。如图 3-23 所示,选取与本方案的模拟结果最接近的一次,选取本方案第 1 000 次模拟中的 20 个阶段,分析群体安全行为(Z_{18})的变化规律,作出其变化趋势图。图 3-23 表明,群体安全行为在第 3 阶段变化方向变为"弱加"($\nearrow$),群体安全行为水平开始有了上升趋势,在第 4~6 阶段达到"高"(定性值为 4)水平,随后继续上升,在 7、8 阶段短暂停留在"很高"(定性值为 5)后,在第 9、10 阶段回到了初始水平,即,"一般"(定性值为 3)水平;随着演化的继续,群体安全行为水平在第 14

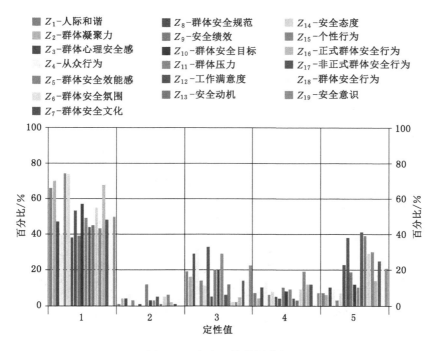

图 3-22　方案 2 柱状图分析

阶段下降至"低"(定性值为 2)水平,并最终停留在"很低"(定性值为 1)水平;群体安全行为最终状态的变化方向为"强减"(↓),说明会继续恶化下去。

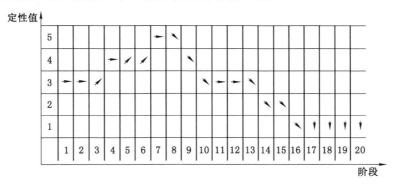

图 3-23　方案 2 群体安全行为变化趋势图

如图 3-24(方案 2 各要素影响程度柱状图)所示,各要素对煤矿职工群体安全行为的影响程度在 59.05%～99.05%。不同因素对群体的安全行为有不同的影响,且差异很大。群体安全规范对群体的安全行为影响最大,群体安全效能感对群体的安全行为影响最低。

以上分析显示,当群体的初始状态水平一般,且采取与干扰强度相当的管理措施时,其安全行为水平会有所提高,但由于管理手段的力度不足,无法有效地对抗环境的干扰,致使其安全行为水平回归到最初的状态水平,并且在"很低"的程度上进一步恶化;群体安全规范(Z_8)、安全态度(Z_{14})、群体压力(Z_{11})对安全行为的演化有显著的影响。

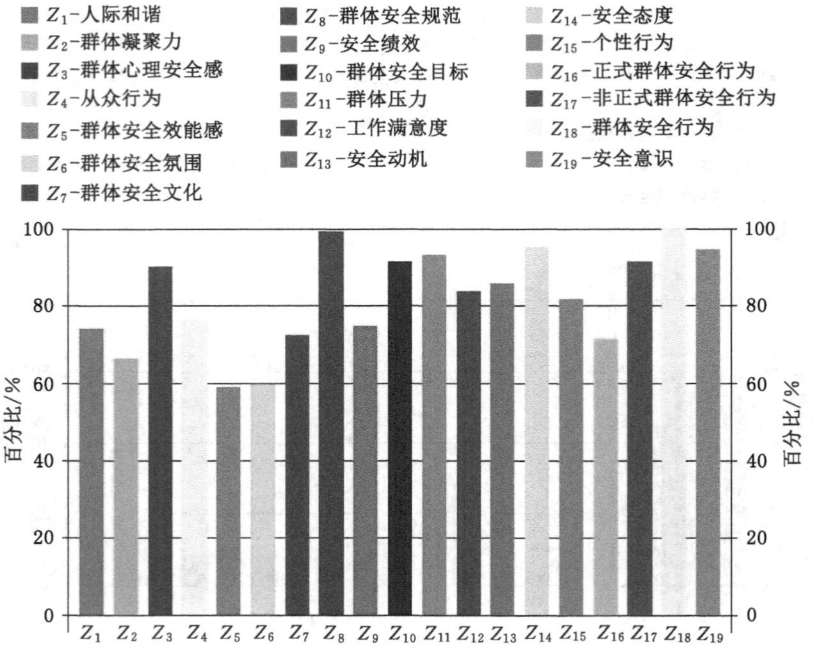

Z_1-人际和谐　　　　Z_8-群体安全规范　　　Z_{14}-安全态度

Z_2-群体凝聚力　　　Z_9-安全绩效　　　　　Z_{15}-个性行为

Z_3-群体心理安全感　Z_{10}-群体安全目标　　Z_{16}-正式群体安全行为

Z_4-从众行为　　　　Z_{11}-群体压力　　　　Z_{17}-非正式群体安全行为

Z_5-群体安全效能感　Z_{12}-工作满意度　　　Z_{18}-群体安全行为

Z_6-群体安全氛围　　Z_{13}-安全动机　　　　Z_{19}-安全意识

Z_7-群体安全文化

图 3-24　方案 2 各要素影响程度柱状图

3.4.3.2　模拟规律分析

采用模拟的方法,分析煤矿职工群体安全行为水平在不同的情境下的演变过程。根据模拟结果,对不同的方案进行对比研究,对煤矿职工的安全行为进行深入的研究与分析。各方案的数据汇总如附录 2 所示。本处以方案 1 为例,列出该方案的模拟结果如表 3-5 所示,各要素对群体安全行为的影响程度如表 3-4 所示。

表 3-5　方案 1 模拟结果汇总表

变量	定性值				
	1	2	3	4	5
人际和谐(Z_1)	94.70%	0.70%	1.10%	2.20%	1.30%
群体凝聚力(Z_2)	96.30%	0.30%	1.90%	0.60%	0.90%
群体心理安全感(Z_3)	99.20%	0.30%	0.10%	0.30%	0.10%
从众行为(Z_4)	99.70%	0.00%	0.10%	0.00%	0.20%
群体安全效能感(Z_5)	98.60%	0.20%	0.10%	0.00%	1.10%
群体安全氛围(Z_6)	97.50%	1.60%	0.70%	0.20%	0.00%
群体安全文化(Z_7)	98.10%	0.80%	0.60%	0.20%	0.30%
群体安全规范(Z_8)	97.90%	1.10%	0.50%	0.20%	0.30%
安全绩效(Z_9)	99.80%	0.10%	0.10%	0.00%	0.00%
群体安全目标(Z_{10})	94.40%	1.00%	1.20%	1.90%	1.50%
群体压力(Z_{11})	99.90%	0.00%	0.00%	0.10%	0.00%

表3-5(续)

变量	定性值				
	1	2	3	4	5
工作满意度(Z_{12})	97.89%	1.11%	0.50%	0.20%	0.30%
安全动机(Z_{13})	94.00%	1.00%	0.00%	0.00%	5.00%
安全态度(Z_{14})	94.30%	4.70%	0.50%	0.30%	0.20%
个性行为(Z_{15})	99.20%	0.10%	0.00%	0.10%	0.60%
正式群体安全行为(Z_{16})	98.40%	0.10%	0.90%	0.20%	0.40%
非正式群体安全行为(Z_{17})	99.10%	0.20%	0.60%	0.10%	0.00%
群体安全行为(Z_{18})	98.90%	0.10%	1.00%	0.00%	0.00%
安全意识(Z_{19})	99.40%	0.10%	0.20%	0.10%	0.20%

为方便对不同方案的模拟结果进行比较和分析,在模拟规则分析图表中,将所要分析的系统状态变量命名形式为"变量符号-模拟方案",例如,方案1中的群体安全行为水平(Z_{18}),称为"Z_{18-1}"。

通过对不同方案的定性模拟结果进行比较,从不采取干预控制对策、控制对策强度差异、加强群体动力措施、加强安全绩效相关措施、加强从众行为相关措施、强化个性行为相关措施、实施多种措施、状态变量初始水平差异等几个方面,归纳出煤矿职工安全行为的演化规律。具体情况如下所示:

(1)不采取干预控制对策时的规律

如图3-25(方案1、18、21群体安全行为对比图)所示,通过对各个方案的模拟分析得出:在外部环境的影响下,不管群体的各个状态变量的初始状态是什么,如果不采取相应的控制措施,都会使其向"很低"的程度上发生演化。

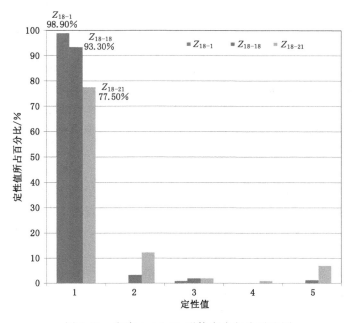

图3-25　方案1、18、21群体安全行为对比图

由图 3-26（方案 1、18、21 正式/非正式群体影响程度对比图）可知，当一个群体在遭受各种外部环境的干扰时，不管其处于何种初始状态，如果不采取相关的管理措施，非正式群体对其安全行为的影响要大于正式群体。

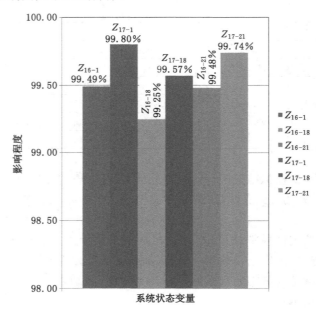

图 3-26　方案 1、18、21 正式/非正式群体影响程度对比图

（2）控制对策强度不同时的规律

由图 3-27 可以看出，当煤矿职工群体遭受各种外部环境的干扰时，如果管理措施的强度与环境干扰强度相当，则群体安全行为的各状态变量的水平改善不明显；如果管理措施的强度高于环境干扰强度，则群体安全行为各状态会有明显改善，群体行为水平会向安全的方向发展。

图 3-28 为采取不同强度控制对策时，模拟方案 1、2、7、18、19、20 中正式群体与非正式群体对煤矿职工群体安全行为影响程度对比分析图。由图 3-28 可知，当煤矿职工群体遭受各种外部环境的干扰时，如果不采取相应的管理措施，不管初始的状态怎样，非正式群体对群体安全行为的影响程度要高于正式群体的影响程度；而采取高强度管理对策时，正式群体对群体安全行为的影响程度要高于非正式群体。

（3）加强群体动力措施时的规律

由图 3-29（方案 2、3、8 群体安全行为对比）可以看出，当煤矿职工群体遭受各种外部环境的干扰时，如果相关管理人员及时采取群体动力的管理措施，煤矿职工群体安全行为水平则会上升；如果相关的管理人员忽略群体动力的管理措施，煤矿职工群体安全行为水平则会下降。

由图 3-30 可知，当煤矿职工群体遭受各种外部环境的干扰，加强群体动力各要素的管理措施时，群体动力各要素对其安全行为的影响程度会得到提高。

（4）加强安全绩效相关措施时的规律

如图 3-31（方案 2、4、9 群体安全行为对比图）所示，模拟方案 2、4、9 中群体安全行为

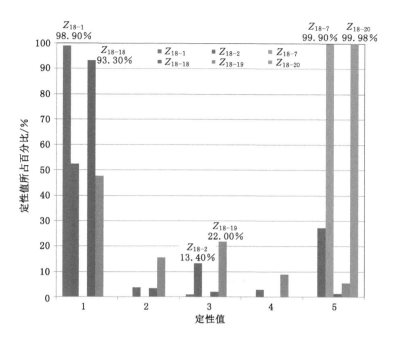

图 3-27 方案 1、2、7、18、19、20 群体安全行为对比图

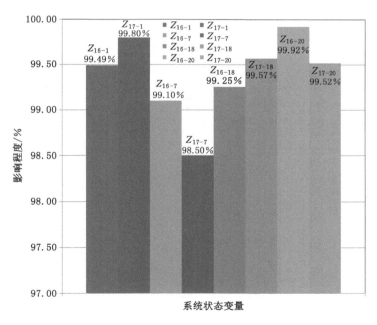

图 3-28 方案 1、2、7、18、19、20 正式/非正式群体影响程度对比图

（Z_{18-2}、Z_{18-4}、Z_{18-9}）定性值所占百分比情况。在外部环境的影响下，如果管理者能够及时地强化安全绩效和相应的管理措施，那么，群体的安全行为水平就会上升；而忽视这一方面的因素，群体的安全行为水平就会下降。

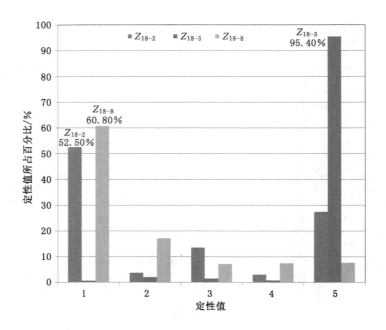

图 3-29　方案 2、3、8 群体安全行为对比图

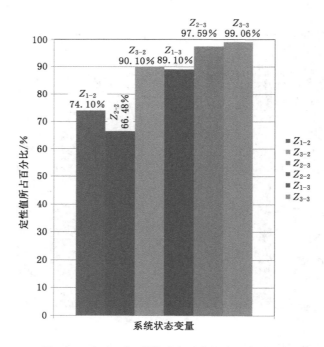

图 3-30　方案 2、3 群体动力要素影响程度对比图

在图 3-31 情况下,及时强化安全绩效和相应的管理措施,得到图 3-32。从图 3-32 可以看出,煤矿职工群体在面临各种环境干扰的情况下,应强化安全绩效和有关因素的管理,安全绩效、群体安全氛围、群体安全文化、群体安全规范等因素都会对其产生较大的影响。

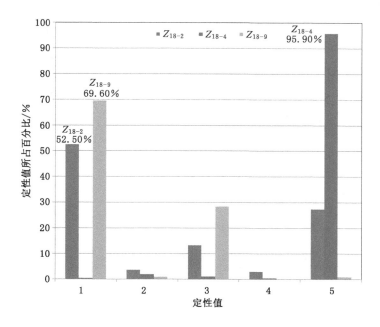

图 3-31 方案 2、4、9 群体安全行为对比图

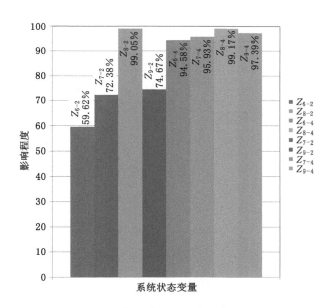

图 3-32 方案 2、4 安全绩效及相关要素影响程度对比图

（5）加强从众行为相关措施时的规律

通过图 3-33（方案 2、5、10 群体安全行为对比图）可以看出，在外部环境的影响下，如果管理者能够及时地强化从众行为和相应的管理措施，那么群体的安全行为水平就会朝着"很高"的方向发展；而忽视这一方面的因素，群体的安全行为水平就会向"很低"的方向发展。

从图 3-34（方案 2、5 从众行为及相关要素影响程度对比图）可以看出，在外部环境的干

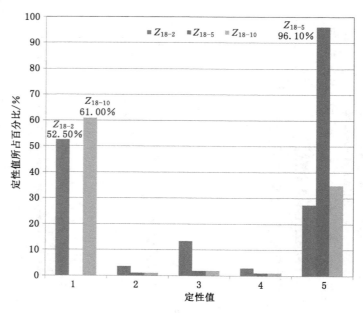

图 3-33　方案 2、5、10 群体安全行为对比图

扰下,从众行为和安全意识等因素对职工安全行为水平的影响会增强,而在这种情况下,群体安全行为的改善主要依赖于从众行为和安全意识等因素。

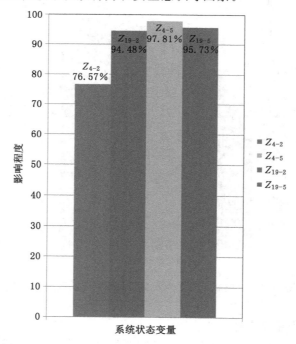

图 3-34　方案 2、5 从众行为及相关要素影响程度对比图

（6）加强个性行为相关措施时的规律

如图 3-35 所示,即方案 2、6、11 群体安全行为对比图,在外部环境的影响下,如果管理

者能够及时地强化个性行为和相应的管理措施,那么群体的安全行为水平就会朝着"很高"的方向发展;而忽视这一方面的因素,群体的安全行为水平就会向"很低"的方向发展。

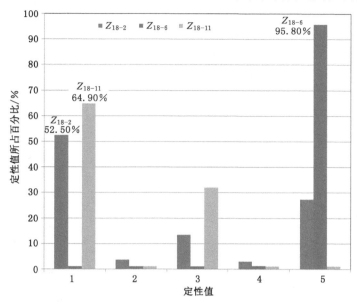

图 3-35　方案 2、6、11 群体安全行为对比图

如图 3-36 所示,即方案 2、6 个性行为及相关要素影响程度对比图。强化个体行为和有关因素的管理,个体行为、安全态度、安全动机、工作满意度等群体因素对群体安全行为水平的影响均显著增加。在强化个体行为及其相关因素的管理中,个体安全行为的改善主要依赖于个体行为及其相关因素。

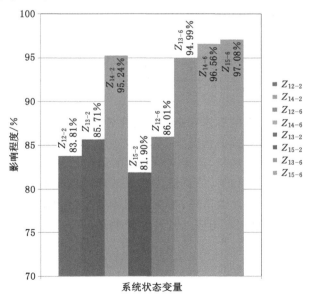

图 3-36　方案 2、6 个性行为及相关要素影响程度对比图

（7）实施多种措施时的规律

如图 3-37 所示，即方案 7、12、13、14、15 的群体安全行为的对比分析图。从图 3-37 可知，当群体受到多种外部因素的影响时，如果管理者没有充分地考虑各种控制手段，从而忽视了某方面的措施（如安全绩效、团队动力、从众行为、个性行为等），群体安全行为水平取"很高"（定性值为 5）的比例要低于全面加强所有措施（方案 7）时的比例。

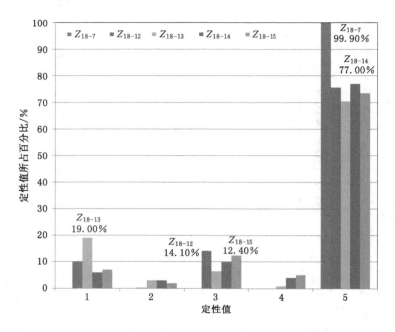

图 3-37　方案 7、12、13、14、15 群体安全行为对比图

（8）状态变量初始水平不同时的规律

如图 3-38 所示，即方案 1、18、21 和 2、16、19 群体安全行为的对比分析图。从图 3-38 可知，当群体安全行为处于不同的初始水平时，如果不采取管理措施（方案 1、18、21）或采取与环境干扰强度相当的措施（方案 2、16、19），群体安全行为的初始水平越高，最终集中在"很低"（定性值为 1）的比例越低。

如图 3-39，从方案 7、17、20 的群体安全行为变化趋势对比图可以看出，在外部环境的干扰下，管理措施强度大于环境干扰的情况下，系统状态变量的初始值越高，其安全行为的增长就越快，处于"很高"的程度就越长，退化到"很低"的程度就越慢。

总之，无论群体的初始状态如何，一旦群体被外部环境所影响，而没有采取有效的控制手段，那么其安全行为的程度必然会下降；在发现群体安全行为水平下降的情况下，管理者需要针对各个因素的实际情况制定相应的管理和控制措施。综合运用多方面的措施，统筹兼顾，可以达到更好的管理效果。

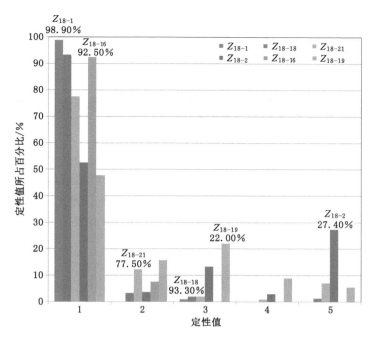

图 3-38　方案 1、18、21 和 2、16、19 群体安全行为对比图

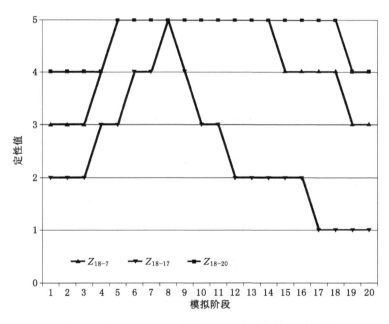

图 3-39　方案 7、17、20 群体安全行为变化趋势对比图

4 群体安全行为态势定量模拟方法

群体安全行为作为一个复杂的定性问题,在分析过程中常会受到主观因素的干扰。为了避免这种干扰,采用定量模拟是较为合理的方法。但定量模拟只能从量化角度分析群体安全行为,对于其内部演化及推理过程却无能为力。因此,本书将在后续章节结合定性定量方法构建新的群体安全行为态势模拟分析方法。本节将重点阐述群体安全行为态势定量模拟方法。

4.1 基于博弈论的群体安全行为模拟

首先,通过调查问卷确定安全行为的影响因素的系数。然后,针对煤矿企业多个职工群体之间的博弈收益不对称和行为不稳定的问题,构建职工群体-职工群体的安全行为收益矩阵,并基于该矩阵对煤矿职工行为稳定性进行演化博弈分析。最后,利用 MATLAB 对不同博弈策略进行仿真,深入分析煤矿职工群体间的收益对称性和行为稳定性的动态演化规律。

4.1.1 调查问卷分析

为了使博弈仿真结果更详细,本书针对煤矿职工群体安全行为的博弈对称性的影响要素特点,设计了调查问卷。调查问卷设计分三个阶段(文献研究、实际调研和预调研)实施。

(1)文献研究阶段。通过对国内外有关安全行为的研究成果的学习,对其形成机理、影响因素等进行了系统整理,并对影响因素进行了初步的分析。

(2)实际调研阶段。首先,将影响因素体系反馈给课题组中的专家。在征求课题组全体成员意见后,对原有的影响因素体系进行了调整。然后对多个煤矿进行实地考察,搜集相关资料(主要是"三违"信息),并调查走访在一线生产的技术人员和管理人员,进一步调整影响因素体系。接着,将影响因素体系交由专家进行最后审议。在确定影响因素体系后,根据其实际含义,设计调查问卷。经过课题组专家3次审定后,形成最终调查问卷。

(3)预调研阶段。为了进一步验证调查问卷的实用性,在小范围内(2位教授,6位讲师,4位博士及13位煤矿技术人员)进行预调研。通过对预调研结果的信度、效度分析,确定本调查问卷的可实用性。

调查问卷分为四个部分:① 填写说明;② 调查目的及有关概念简介;③ 受访者基本信息;④ 煤矿职工安全行为信息调查。为了提高定量分析的精准度,本研究采用李克特量表法对相关因素的问题进行选项设计。请受访者从低到高分别用1~5分对测试项目的选项进行打分。

调查问卷题项与考察因素关系如表4-1所示。

表 4-1　调查问卷题项与考察因素关系表

题项	考察因素	题项	考察因素	题项	考察因素
1	工龄	9	事故损失	17	人际沟通
2	学历	10	安全绩效	18	安全氛围
3	职务	11	不安全惩罚（罚款）	19	群体安全行为水平
4	安全收益（奖金）	12	孤立、排斥	20	个体安全行为水平
5	安全成本	13	安全监察力度	21	收益对称性
6	心理安全感	14	群体压力	22	行为稳定性
7	省能心理	15	从众行为	23	行为干预最佳时间段
8	事故概率	16	凝聚力	24	最佳行为干预措施

调研对象主要包括企业的一线操作人员、技术人员及管理人员等。调查问卷主要分纸质问卷和线上问卷两类。调研共发放纸质问卷 200 份，回收 182 份，回收率 91.00%；线上问卷 146 份。除去漏题等残缺问卷和不合规范的无效问卷，共计回收 317 份有效问卷，有效回收率为 91.62%。

图 4-1 为问卷调研对象的基本资料统计信息，可以看出本次调研样本结构合理。问卷调研对象的工作时间、学历和职务等方面的统计数据与煤矿企业的实际情况吻合，从而保证了调查结果的客观性。

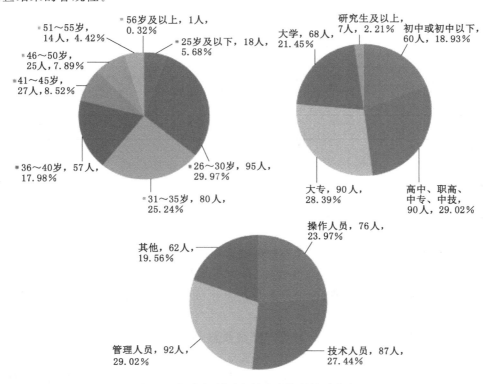

图 4-1　问卷调研对象的基本资料统计信息

接着,对调查问卷的结果进行信度、效度分析。本书采用克朗巴哈(Cronbach)α 系数法对调查问卷进行信度分析。α 系数评价的是量表中各题项得分间是否具有一致性,属于内在一致性系数,适用于态度、意见式问卷的信度分析。$0.5 < \alpha < 0.7$,表明调查结果可信;$0.7 < \alpha < 0.9$,表明调查结果高度可信;$\alpha > 0.9$,表明调查结果十分可信。计算得出 α 系数为 0.841,因此该问卷结果高度可信。

效度是指问卷结果的正确性。本书采用效标关联效度分析,分析问卷题项与它的联系,若二者相关显著,则为有效的题项。通过计算得出各个题项均达到 0.01 的显著水平,表明效标关联度良好。

信度和效度分析,表明该调查问卷的结果是可靠的。为了给博弈模型的建立提供可靠的参考因素,需要分析博弈相关题项的多元线性回归系数。使用数据分析工具 SPSS 对调查问卷结果进行多元线性回归分析,其回归系数分析如表 4-2 所示。

表 4-2　回归系数分析表

影响因素	回归系数分析		t	p
	系数	标准误差		
(常量)	0.554	0.242	2.289	0.022
Q4	0.691	0.038	1.828	0.018
Q5	0.527	0.035	6.500	0.000
Q8	0.409	0.035	8.942	0.000
Q9	0.431	0.031	7.642	0.000
Q10	0.611	0.021	7.159	0.000
Q11	0.475	0.027	7.816	0.000
Q13	0.677	0.033	8.497	0.000

4.1.2　博弈模型

为了探讨群体之间博弈收益的对称性和安全行为的稳定性,根据博弈理论和煤矿职工群体的实际特征,做出如下假设:

假设 1:安全管理者的行为只作为外部影响存在,不参与博弈决策过程。且安全管理者均重视安全,会对职工的行为进行监督管理,并对不注重安全的职工实施处罚。

假设 2:煤矿职工执行安全行为可得到收益为 r,如安全奖金等;实施安全生产所付出的代价为 c。

假设 3:煤矿职工选择不安全行为可以获得收益,如经济收益等;收益值为实施安全生产煤矿职工付出的代价 c。

假设 4:煤矿职工实施不安全行为时发生事故的概率为 f,若发生,煤矿职工群体承受的损失为 H。

假设 5:安全管理人员发现煤矿职工发生不安全行为后一定会对其进行处罚,降低职工整体的安全绩效,安全绩效的降低量用 P 表示;同时,也会受到执行安全行为职工的惩罚 M,如孤立、排斥等,也就是心理安全感降低。

假设6:在日常工作中,煤矿职工不清楚管理人员何时何地进行安全检查,管理人员也不清楚煤矿职工此时有无不安全行为,即二者的行为都具有一定的随机性。同时,煤矿职工在进行行为选择时,面对的是群体中其他煤矿职工,可以假设博弈是在煤矿职工之间进行的。煤矿职工选择相同策略,得到相同的收益;选择不同策略,就有不同收益。如果群体内部规范倾向于安全行为,则煤矿职工选择不安全行为会遭到其他煤矿职工的反对,那么选择不安全行为的煤矿职工就不容易得到管理者正在检查的消息,会被管理者发现;相反,如果群体内部规范倾向于不安全行为,也就是说多数煤矿职工都选择不安全行为,群体内部具有沟通信息便捷、团队性强的特征,职工间会相互通知管理者的检查踪迹。虽然这样做可以降低被管理者发现的概率,但即使是相互通报,也无法完全避免被管理者察觉到其不安全行为。因此,职工不安全行为被管理者发现的概率为 $n(0<n<1)$。综上所述,可以建立煤矿职工群体之间不同行为的收益矩阵,如表4-3所示。

表 4-3　群体之间不同行为的收益矩阵

		职工群体 1	
		安全行为	不安全行为
职工群体 2	安全行为	$(0.691 \times r - 0.527 \times c,$ $0.691 \times r - 0.527 \times c)$	$(0.691 \times r - 0.527 \times c,$ $0.527 \times c - 0.409 \times 0.431 \times f \times H -$ $0.611 \times P - 0.475 \times M)$
	不安全行为	$(0.527 \times c - 0.409 \times 0.431 \times f \times H -$ $0.611 \times P - 0.475 \times M, 0.691 \times r - 0.527 \times c)$	$(0.527 \times c - 0.409 \times 0.431 \times f \times H -$ $0.611 \times 0.677 \times P \times n, 0.527 \times c -$ $0.409 \times 0.431 \times f \times H - 0.611 \times 0.677 \times P \times n)$

煤矿职工群体选择安全行为的概率为 x,选择不安全行为的概率为 $1-x$。概率是时间 t 的函数,可以解释为群体博弈中选择某种策略的成员所占百分比。如果统计数据显示某策略的平均收益高于混合策略的平均收益水平,那么博弈方将会更多地选择该策略,则煤矿职工采取安全行为的概率变化速度可以用复制动态方程表示。

依据博弈矩阵,煤矿职工选择安全行为的期望收益 k_1 为:

$$k_1 = x \times (0.691 \times r - 0.527 \times c) + (1-x) \times (0.691 \times r - 0.527 \times c)$$
$$= 0.691 \times r - 0.527 \times c \tag{4-1}$$

煤矿职工选择不安全行为的期望收益 k_2 为:

$$k_2 = x \times (0.527 \times c - 0.409 \times 0.431 \times f \times H - 0.611 \times P - 0.475 \times M) +$$
$$(1-x) \times (0.527 \times c - 0.409 \times 0.431 \times f \times H - 0.611 \times 0.677 \times P \times n)$$
$$= 0.527 \times c - 0.409 \times 0.431 \times f \times H - 0.611 \times 0.677 \times P \times n -$$
$$(1 - 0.677n) \times 0.611 \times P \times x - 0.475 \times M \times x \tag{4-2}$$

煤矿职工群体的平均期望收益 k 为:

$$k = x \times k_1 + (1-x) \times k_2 \tag{4-3}$$

某种行为策略收益越多,其被选择的就越多。为此,煤矿职工更愿意选择安全行为或不安全行为中相对有回报的行为,则煤矿职工群体的进化博弈模型为:

$$F(x) = \mathrm{d}x/\mathrm{d}t = x \times (1-x) \times (k_1 - k_2)$$
$$= x \times (1-x) \times [0.691 \times r - 2 \times 0.527 \times c + 0.409 \times 0.431 \times f \times H +$$
$$0.611 \times 0.677 \times P \times n + (1-0.677 \times n) \times 0.611 \times P \times x + 0.475 \times M \times x]$$

$$(4-4)$$

根据进化博弈的稳定策略性质,进化稳定策略是指一个稳定状态必须对微小扰动具有稳健性。复制动态方程中存在 x 的线性方程,当 $x = 1$, $x = 0$ 或 $x^* = \dfrac{2 \times 0.527 \times c - 0.691 \times r - 0.409 \times 0.431 \times f \times H - 0.611 \times 0.677 \times P \times n}{(1-0.677 \times n) \times 0.611 \times P + 0.475 \times M}$ 时,复制动态方程 $F(x) = 0$,煤矿职工群体选择安全行为的比例是局部稳定的。

根据煤矿职工群体选择安全行为和不安全行为的预期报酬,可以研究其收入对称性和行为的稳定性。

对复制动态方程的 x 求导得:

$$\frac{\partial F}{\partial x} = (1-2x) \times [0.691 \times r - 2 \times 0.527 \times c + 0.409 \times 0.431 \times f \times H +$$
$$0.611 \times 0.677 \times P \times n + (1-0.677 \times n) \times 0.611 \times P \times x + 0.475 \times M \times x] +$$
$$x \times (1-x) \times [(1-0.677 \times n) \times 0.611 \times P + 0.475 \times M] \qquad (4-5)$$

当 $0.527 \times c - 0.409 \times 0.431 \times f \times H - 0.611 \times 0.677 \times P \times n < 0.691 \times r - 0.527 \times c$ 时,即选择安全行为的收益大于选择不安全行为的收益时,则始终有 $F(x) \geqslant 0$。$x^* < 0$ 时,只考虑 $x = 0$ 及 $x = 1$ 时 $\dfrac{\partial F}{\partial x}$ 的符号:

当 $x = 1$ 时,$\dfrac{\partial F}{\partial x} = 2 \times 0.527 \times c - 0.691 \times r - 0.409 \times 0.431 \times f \times H - 0.475 \times M - 0.611 \times P < 0$,$x = 1$ 是稳定点。

当 $x = 0$ 时,$\dfrac{\partial F}{\partial x} = 0.691 \times r - 2 \times 0.527 \times c + 0.409 \times 0.431 \times f \times H + 0.611 \times 0.677 \times P \times n > 0$,可知在 $x = 0$ 处是不稳定的。

因此,在 $0.527 \times c - 0.409 \times 0.431 \times f \times H - 0.611 \times 0.677 \times P \times n < 0.691 \times r - 0.527 \times c$ 时,有全局的唯一稳定点 $x = 1$。这意味着当职工群体执行安全行为收益大于其选择不安全行为时的收益时,群体将向安全行为转化。

当 $0 < x^* < 1$ 时,即 $0.611 \times 0.677 \times P \times n < 2 \times 0.527 \times c - 0.691 \times r - 0.409 \times 0.431 \times f \times H < 0.611 \times P + 0.475 \times M$。此时,当职工群体1选择安全行为时,则职工群体2选择安全行为的收益大于选择不安全行为的收益 $2 \times 0.527 \times c - 2 \times 0.691 \times r - 0.409 \times 0.431 \times f \times H - 0.611 \times P - 0.475 \times M < 0$。另外,当职工群体1选择不安全行为时,职工群体2选择安全行为的收益大于选择不安全行为的收益。$2 \times 0.527 \times c - 0.691 \times r - 0.409 \times 0.431 \times f \times H - 0.611 \times P \times n < 0$,且上述情况就只考虑 $x = 0$、$x = x^*$ 和 $x = 1$ 时 $\dfrac{\partial F}{\partial x}$ 的符号:

当 $x=0$ 时，$\dfrac{\partial F}{\partial x}=0.691\times r-2\times0.527\times c+0.409\times0.431\times f\times H+0.611\times0.677\times P\times n<0$，是稳定点。

当 $x=1$ 时，$\dfrac{\partial F}{\partial x}=2\times0.527\times c-0.691\times r-0.409\times0.431\times f\times H+0.611\times P<0$，是稳定点。

当 $x=x^{*}$ 时，$\dfrac{\partial F}{\partial x}=[(1-0.677\times n)\times0.611\times P+0.475\times M]\times x^{*}\times(1-x)>0$，是不稳定点；这说明如果有一个微小的扰动，就会向 $x=0$ 或者 $x=1$ 移动。

当 $0.611\times0.677\times P\times n<2\times0.527\times c-0.691\times r-0.409\times0.431\times f\times H<0.611\times P+0.475\times M$ 时，复制动态方程 $F(x)$ 有两个稳定点，即 $x=0$ 和 $x=1$。可得该方程有两个极值点，分别为：

$$x_{1}=\frac{0.691\times r-0.611\times P+0.409\times0.431\times f\times H+2\times0.611\times0.677\times P\times n-2\times0.527\times c-R}{2\times0.677\times n+0.611\times0.677\times P\times n-2-0.611\times P}$$

$$(4\text{-}6)$$

$$x_{2}=\frac{0.691\times r-0.611\times P+0.409\times0.431\times f\times H+2\times0.611\times0.677\times P\times n+2\times0.527\times c+R}{2\times0.677\times n+0.611\times0.677\times P\times n-2-0.611\times P}$$

$$(4\text{-}7)$$

其中，
$$\begin{aligned}R^{2}=&(2\times0.611\times P-2\times0.691\times r-2\times0.409\times0.431\times f\times H+\\&4\times0.527\times c-4\times0.611\times0.677\times P\times n)^{2}-\\&4(2\times0.677\times n+0.611\times0.677\times P\times n-2-0.611\times P)\\&(0.691\times r-2\times0.527\times c+0.409\times0.431\times f\times H+0.611\times0.677\times P\times n)\end{aligned}$$

当职工群体选择安全行为概率 $x\leqslant x_{1}$ 时，此时选择安全行为的收益小于选择不安全行为的收益，职工行为将向 $x=0$，即不安全行为方向转化。当职工群体选择安全行为概率 $x\geqslant x_{2}$ 时，此时选择安全行为的收益大于选择不安全行为的收益，职工行为将向 $x=1$ 转化，即向安全行为方向转化。当职工选择安全行为概率 $x\in(x_{1},x_{2})$ 时，群体行为将会向 $x=0$ 或 $x=1$ 转化。当 $x>x^{*}$ 时，群体成员将向安全行为方向进行转化；当 $x<x^{*}$ 时，群体成员将向不安全行为方向进行转化。煤矿职工群体选择安全行为的复制动态如图 4-2 所示。

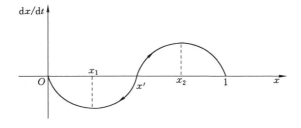

图 4-2　煤矿职工群体选择安全行为的复制动态图

当 $0.527×c-0.409×0.431×f×H-0.611×P<0.527×c-0.691×r$ 时,意味着 $x^*=1$,即 $(1-0.677×n)×0.611×P×x$ 为极大值,仍有 $F(x)<0$,故此复制动态方程存在两个平衡点,即 $x=0$ 或 $x=1$。当 $x=1$ 时,$\frac{\partial F}{\partial x}=2×0.527×c-0.691×r-0.409×0.431×f×H-0.611×P<0$,可得该点为不稳定点;当 $x=0$ 时,$\frac{\partial F}{\partial x}=0.691×r-2×0.527×c+0.409×0.431×f×H+0.611×0.677×P×n<0$,可知该点是稳定的点。

因此,当 $0.527×c-0.409×0.431×f×H-0.611×P<0.527×c-0.691×r$ 时,也就是群体行为选择安全行为的收益低于选择不安全行为的收益时,煤矿职工群体行为向不安全行为演化。

4.1.3 博弈过程仿真分析

在分析博弈论的收益对称性和行为稳定性的基础上,本书将研究在各个变量变化时,博弈中的博弈策略选择的演化趋势。最后,利用 MATLAB 进行了模拟试验,以研究各因素对群体安全行为的影响。实验中各参数的变动范围如下:$r\in[0,2]$,$c\in[0,2]$,$f\in[0,1]$,$H\in[0,2]$,$P\in[0,2]$,$M\in[0,2]$,$n\in[0,1]$。参考各参数的变化范围,取其变化范围的中间值为初始值,即 7 个参数的初始值分别为 1、1、0.5、1、1、1、0.5,而群体安全行为水平 x 的初始值则分别取 0.3 和 0.8。

本书将从安全绩效、安全成本、安全损失和安全监察力度(即职工被检查的概率)等方面对群体安全行为的收益对称性进行考察。

4.1.3.1 安全绩效对群体安全行为收益对称性的影响

当 $2×0.527×c-0.691×r<0.409×0.431×f×H+0.611×0.677×P×n$ 时,使用公式(4-8)考察安全绩效对群体安全行为水平的影响。

$$\frac{\partial x^×}{\partial P}=\frac{0.677×n×(2×0.527×c-0.691×r-0.409×0.431×f×H-0.611×P)}{[(1-0.677×n)×0.611×P+0.475×M]^2}$$
$$<0 \tag{4-8}$$

这说明,增加惩罚及安全绩效的减少将使平衡点向左移动,群体职工选择安全行为的概率增加。试验仿真结果如图4-3所示。

从模拟仿真结果(图4-3)可以看出,管理者对不安全行为的处罚力度增加,这就导致了惩罚对企业的安全业绩的影响增加,破坏了群体收益的对称性,群体只能选择安全行为才能维持收益的对称性。群体安全行为的初始值 $x=0.8$ 时,群体行为水平收敛速度相较于群体安全行为的初始值为 $x=0.3$ 时的群体行为水平收敛速度更快。

4.1.3.2 安全成本对群体安全行为收益对称性的影响

在 $2×0.527×c-0.691×r<0.409×0.431×f×H+0.611×0.677×P×n$ 时,式 x^* 对 c 的导数为:

$$\frac{\partial x^×}{\partial c}=\frac{2}{(1-0.677×n)×0.611×P}>0 \tag{4-9}$$

执行安全行为成本增加(即选择不安全行为获得的收益增加)将使平衡点向右移动,收益对称性被破坏,意味着群体选择安全行为的收益小于选择不安全行为的收益,因此选择安

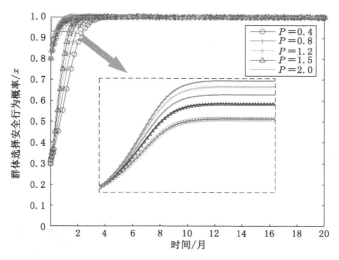

图 4-3　安全绩效降低量不同对群体行为演化的影响

全行为的概率降低。

　　实施安全行为的代价增加(即选择不安全的行为所得到的收益增加),平衡就会越往右边移动,利益的对称性就会被打破,这代表着群体进行安全行为时所得到的收益要比选择不安全行为的收益要少,故其选择安全行为的概率降低。

　　群体职工采取安全行为所消耗的成本 c 对群体安全行为变化的影响如图 4-4 所示。

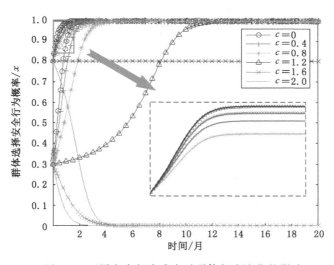

图 4-4　不同安全行为成本对群体行为演化的影响

　　由仿真结果(图 4-4)可知,当群体安全行为水平一定时,群体成员实施安全行为所消耗的成本 c 会存在一个阈值。当成本低于这个阈值,群体行为向安全行为演化;反之,向不安全行为演化。等于这个阈值时,群体收益则保持对称性,其安全行为水平保持稳定。当 x 的初始值为 0.3 时,c 的阈值在 1.3 左右;当 x 的初始值为 0.8 时,c 的阈值为 1.6。这表明,随着群体的初始安全行为程度的提高,其可接受的安全行为的代价也随之增加。此外,模拟仿真结果表明,安全行为成本降低,群体为了保证利益对称,其安全行为会朝着安全方向进化。模拟仿真结果和理论分析结果较吻合,证明了实验的可行性。

4.1.3.3　事故损失对群体安全行为收益对称性的影响

在 $2\times0.527\times c-0.691\times r<0.409\times0.431\times f\times H+0.611\times0.677\times P\times n$ 时,式 x^* 对 H 求导得到:

$$\frac{\partial x^*}{\partial H}=\frac{-f}{(1-0.677\times n)\times0.611\times P}<0 \tag{4-10}$$

在群体选择不安全行为后,群体所承受的损失增加将会破坏利益的对称性,使得平衡点向左侧偏移,这就表明群体在避免危险、降低损失时,会更倾向于采取安全行为,而群体选择安全行为的可能性也会增大,其结果如图 4-5 所示。

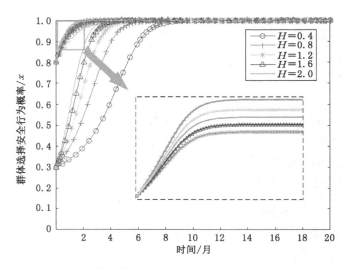

图 4-5　群体承担的损失不同对群体行为演化的影响

由仿真结果(图 4-5)可知,群体承担的损失增加,群体的收益对称性发生变化。为了保持收益的对称性,群体选择安全行为的概率收敛速度会增加,选择安全行为概率 $x=1$ 时所用时间缩短。当群体安全行为的初始水平 $x=0.8$ 时,其群体行为水平收敛速度相较于群体安全行为的初始水平 $x=0.3$ 时的群体行为水平收敛速度更大,说明群体安全行为的初始水平越高,群体行为水平达到安全的速度越快。

4.1.3.4　被发现概率对群体安全行为收益对称性的影响

在 $2\times0.527\times c-0.691\times r<0.409\times0.431\times f\times H+0.611\times0.677\times P\times n$ 时,x^* 对 n 求导得到:

$$\frac{\partial x^*}{\partial n}=\frac{0.611\times P\times(2\times0.527\times c-0.691\times r-0.409\times0.431\times f\times H-0.611\times P)}{[(1-0.677\times n)\times0.611\times P]^2}$$

$$<0 \tag{4-11}$$

如果管理人员发现群体选择不安全行为的概率增加,那么将使收益对称的平衡点向左偏移。这就说明,如果管理者加强安全监督,群体选择不安全行为时被管理人员发现的概率会提升,则群体选择安全行为的概率将会增加,其结果如图 4-6 所示。

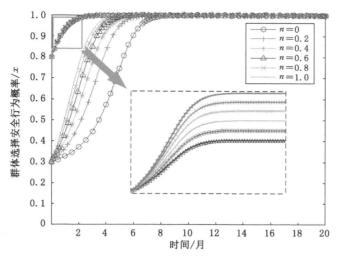

图 4-6　被管理人员发现的概率不同对群体行为的影响

　　当群体选择不安全行为时,被管理人员发现的可能性升高,从而导致群体收益对称性发生变化。在保证收益的对称性的情况下,群体会选择安全行为,从而缩短达到安全状态所需要的时间,且群体安全行为的初始水平越高,群体行为水平达到安全状态的时间也就越短。

　　群体自我组织行为是一种内部的自发动力,当没有外部集中的力量参与时,群体自身策略只能根据群体内成员的相互作用而变动。在煤矿生产活动中,由于存在着一定的自我组织适应性人群,为了预防他人的不当言语及行为形成错误的群体规范,从而导致群体性的不安全行为,群体领导必须通过有效的信息引导和相应的措施,使群体行为朝着遵守安全行为的方向发展。

　　上述博弈分析和 MATLAB 仿真,可以为煤矿企业引导群体向安全行为演化提供指导。企业加强对安全生产单位的安全检查,加大对不安全行为的惩罚力度,提高其作为安全绩效的考核内容的占有比例和提高煤矿职工群体在事故后需要承担的损失,以及降低职工选择安全行为的成本,这些都会有利于实现群体收益对称性和安全行为的稳定性,确保不安全行为向安全行为的演化。另外,对于群体规范整体倾向于不安全行为的群体,如果群体凝聚力不强,群体成员之间的相互沟通就没那么灵敏,群体选择不安全行为时被管理人员发现的概率就会增加,因此对于这种群体可采取适当措施来引导。

4.2　基于系统动力学的群体安全行为模拟

　　本书基于事故因果连锁论和群体行为演化理论,以群体的视域为基础,结合煤矿安全管理的基本研究结果,针对群体安全行为构建出煤矿职工群体安全行为 SD 模型。根据模型仿真得到群体安全行为微观演化规律,建立一种用于指导煤矿安全生产新型决策矫正强度判别指标,构建新型的煤矿职工群体安全行为矫正体系,并提出具体实施方案应用于煤矿企业。此项研究工作不仅对煤矿企业的职工群体安全行为矫正实现模型化、科学化、体系化、方案化,提高煤矿企业职工群体安全行为水平具有较高意义,于煤矿职工群体行为的预测与矫正体系的发展和深化研究也具有很高的理论意义与实际应用价值。

4.2.1 构建 SD 模型

本书以事故因果连锁论和群体行为演化理论为基础,结合目前的群体安全行为的研究成果和煤矿职工群体的特点,确定影响要素的因果关系,并构建煤矿职工群体安全行为水平 SD 模型。

安全心理水平和安全生理水平要素是群体(含个体)的特征,群体安全感觉与认知水平是职工群体自身所具有的能力,由安全心理水平和安全生理水平在时间上的积累获得。同样,风险识别能力、风险规避能力和应急处置能力也是描述群体特征的要素,在时间上积累得到群体安全能力水平。而模型中群体安全感觉与认知水平、群体安全能力水平和群体安全行为状态相较于群体安全行为水平是增长率之间的关系,是在群体安全行为水平关于时间 T 的积分。因此,模型中群体安全能力水平、群体安全感觉与认知水平以及群体安全行为状态均为增长量。

模型中建立积极子群体规模、积极子群体数量、消极子群体规模、消极子群体数量 4 个状态变量用于从微观视域模拟群体行为的演化规律,子群体数量与子群体规模的乘积即相应的群体规模。这些变量直接影响着群体亚文化,包括积极子群体影响着积极亚文化,消极子群体影响着消极亚文化,亚文化对群体安全行为状态有着直接影响。

根据定性模型因果连锁链框架和相应的干预决策措施,绘制煤矿职工群体安全行为水平 SD 流图,如图 4-7 所示。根据系统动力学建模要求,群体安全行为水平的反馈回路由群体安全行为水平差距反馈至由各项矫正决策主导的外生变量,构成整个 SD 系统随时间的动态的模拟与仿真机制。

4.2.2 SD 仿真

模型初始值的确定应根据模型研究目的、变量之间的关系以及对变量的反复调试进行确定。综合专家打分和对模型的调整与优化方法,得出 SD 模型各变量的初始值赋值如表 4-4 所示。时间步长选取 0.25,即模型在仿真中每 0.25 个时间点选取一次数值。时间步长越小,系统各变量数值选取间隔越短,系统运行结果越精确,并且为后期对仿真数据进行线性回归分析提供更高的精确度和研究基础。

4.2.2.1 EAP 体系干预决策矫正强度仿真分析

本书通过对 EAP 系统的各种干预决策进行模拟,得到 EAP 系统在不同环境下的各种干预决策的修正强度仿真图,如图 4-8 所示。

按照时间序列平均分段,共分 18 个时间段,分别用 $T_n(n=1,2,3,4,\cdots,18)$ 表示,每个时间段包含 4 个月。以资金安全投入决策 K_2 在 T_1 时间段的线性回归分析为例,得到资金安全投入在时间段 T_1 线性回归点阵图,如图 4-9 所示,并得到在 T_1 时间段线性回归方程斜率 $K_2 T_1$。

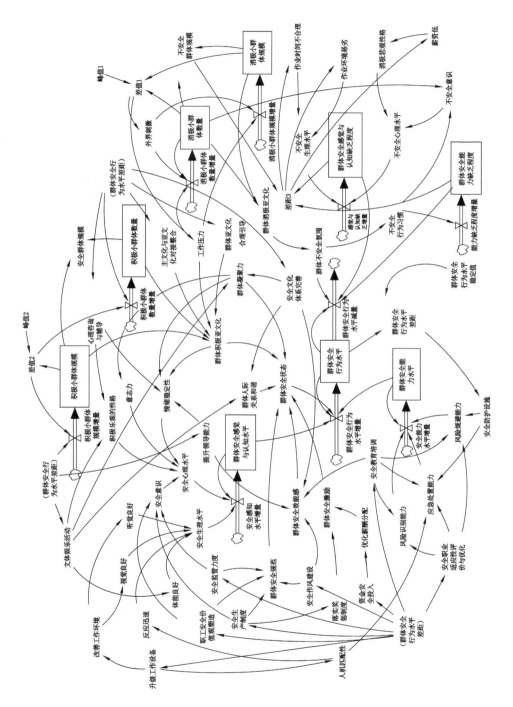

图 4-7　煤矿职工群体安全行为水平 SD 流图

表 4-4　SD 模型部分变量初始值数据表

变量名称	变量性质	初始值
群体安全行为水平	水平变量	50
群体安全感觉与认知水平	水平变量	15
群体安全能力水平	水平变量	13
群体安全感觉与认知缺乏程度	水平变量	19
群体安全能力缺乏程度	水平变量	15
积极小群体规模	水平变量	5
积极小群体数量	水平变量	20
消极小群体规模	水平变量	12
消极小群体数量	水平变量	10
群体安全行为水平目标值	辅助变量	500

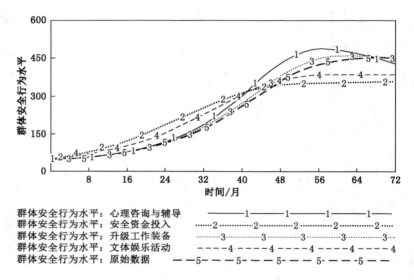

图 4-8　EAP 体系各项干预决策矫正强度仿真

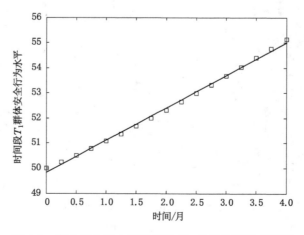

图 4-9　资金安全投入在时间段 T_1 的线性回归点阵图

按照上述方法对各个时间段的 EAP 体系四个决策进行分析研究,得到各时间段 EAP 体系的各决策力度加强后增长速率 K,如表 4-5 所示。其各项决策力度加强后增长斜率 K_n($n=1,2,3,4$)与原始数据 K_0 对比,如图 4-10 所示。

表 4-5　各时间段 EAP 体系各决策力度加强后增长速率

决策类型	心理咨询与辅导 K_1	资金安全投入 K_2	升级工作装备 K_3	文体娱乐活动 K_4	原始数据 K_0
时间段 T_1	1.293 0	3.234 9	1.290 9	2.387 4	1.285 7
时间段 T_2	1.663 9	4.071 2	1.650 3	2.977 4	1.632 9
时间段 T_3	2.092 0	4.931 7	2.055 6	3.621 9	2.017 6
时间段 T_4	2.800 0	5.985 5	2.717 1	4.536 1	2.645 8
时间段 T_5	3.863 6	7.150 1	3.688 1	5.731 6	3.562 1
时间段 T_6	5.357 9	8.195 3	5.003 7	7.118 3	4.789 4
时间段 T_7	7.366 7	8.814 7	6.685 9	8.501 9	6.335 3
时间段 T_8	9.913 5	8.741 8	8.691 5	9.574 5	8.148 0
时间段 T_9	12.807 2	7.893 1	10.825 8	9.980 6	10.047 4
时间段 T_{10}	15.409 9	6.431 5	12.662 5	9.463 2	11.671 1
时间段 T_{11}	16.535 1	4.684 2	13.565 1	8.028 9	12.504 3
时间段 T_{12}	14.932 4	2.982 3	12.920 0	5.971 2	12.062 1
时间段 T_{13}	10.406 5	1.544 2	10.533 9	3.728 8	10.179 3
时间段 T_{14}	4.380 8	0.462 0	6.879 1	1.696 0	7.189 1
时间段 T_{15}	0.129 4	0.051 2	3.169 6	0.343 7	4.066 1
时间段 T_{16}	0	0.043 7	0.479 1	0.154 3	1.680 4
时间段 T_{17}	0	0.002 8	0	0	0.262 7
时间段 T_{18}	0	0.002 3	0	0.188 9	0.244 7

创建一种新的决策矫正强度(Impact Intensity)判定指标 I_{PT},用于判定干预决策对群体安全行为水平的矫正强度。I_{PT} 的计算公式为:

$$I_{PT} = K_n / K_0 \tag{4-12}$$

其中,K_n 是加强干预对策线性回归斜率值;K_0 是原始数据线性回归斜率值。因此,I_{PT} 是单位时间段加强干预决策与原始数据群体安全行为水平斜率的比值,它能够客观反映在该单位时间段 T_n 内对群体安全行为水平的矫正强度。

在每一个时间段内根据式(4-12)取各决策矫正强度 I_{PT},得到决策矫正强度随时间段 T_n 变化的分析,如图 4-11 所示。

由此建立干预决策矫正强度判定准则:当 $I_{PT}>1$ 时,说明该决策对群体安全行为水平矫正提升效果显著;当 $I_{PT}<1$ 时,说明该决策对群体安全行为水平矫正提升效果较差。I_{PT} 越大,表明在该时间段的决策力度对群体安全行为水平的矫正效果越好。根据矫正

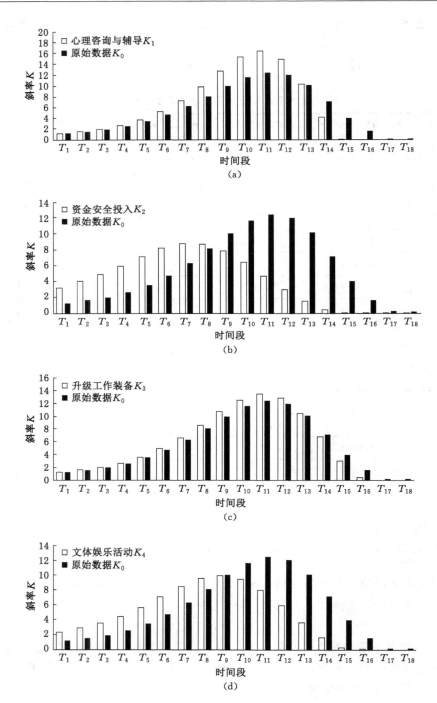

图 4-10 各时间段增强 EAP 体系决策力度后斜率 K_n 与原始数据 K_0 对比值

强度判定准则,以 $I_{PT}=1$ 为基准线,在 $T_1 \sim T_8$ 期间,文娱活动和资金保障对群体的安全行为水平的改善作用更为显著,而资金安全投入的矫正强度显著;在 $T_8 \sim T_{13}$ 期间,心理咨询、指导、升级工作装备对群体安全行为水平的改善作用更为显著。心理咨询与辅导

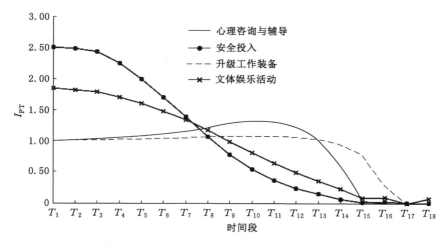

图 4-11 EAP 体系干预决策矫正强度 $T_n(n=1\sim18)$ 随时间段 T 变化分析图

矫正强度更高。

结果显示,在 EAP 系统的所有决策中,资金保障和文娱活动都能促进前期群体安全行为水平的提高,且心理咨询、辅导和升级的工作对后期群体安全行为水平有着很好的作用。

4.2.2.2 组织管理干预决策强度仿真分析

在群体安全行为水平 SD 模式下,进行干预决策仿真模拟,可以提高各干预措施的强度,M 为各干预决策的组织管理。各干预决策的组织管理校正强度仿真图如图 4-12 所示。

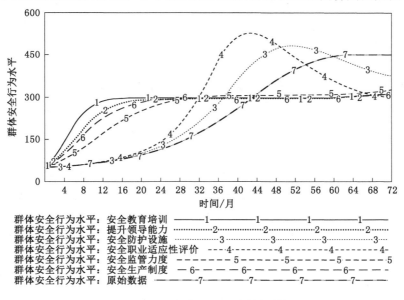

图 4-12 组织管理干预决策仿真图

根据决策矫正强度判定指标 I_{PT} 的计算公式,计算得到决策矫正强度随时间段 T_n 变化的趋势图(图 4-13)。

根据矫正强度判定准则,以 $I_{PT}=1$ 为基准线,安全教育培训、提升管理者领导能力、完

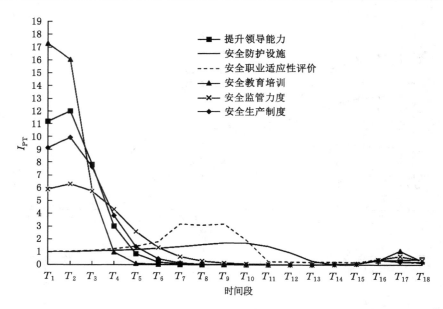

图 4-13　组织管理干预决策矫正强度 I_{PT} 随时间段 T 变化趋势图

善安全生产制度和提高监管力度在 $T_1 \sim T_5$ 时间段内对群体安全行为水平矫正提升效果较为明显。同时,发现该四项决策在 $T_1 \sim T_5$ 时间段内的前期性比较如下:安全教育培训、提升管理者领导能力、安全生产制度、加强安全监管力度的矫正强度随时间的变化依次提升,即安全教育培训在 $T_1 \sim T_3$ 时间段内矫正强度最强,提升管理者领导能力和安全生产制度在 $T_3 \sim T_4$ 时间段内矫正强度最强,加强监管力度在 $T_4 \sim T_5$ 时间段内矫正强度最强。安全职业适应性评价与安全防护设施在提高群体安全行为水平方面的作用更为显著,其中,安全职业适应性评价矫正强度更高。

　　研究表明:组织管理干预的各项决策中,安全教育培训、提升管理者领导能力、安全生产制度、加强安全监管力度在前期依次对群体安全行为水平提升效果显著;安全职业适应性评价和安全防护设施在后期对群体安全行为水平提升效果显著。

4.2.2.3　安全文化干预决策强度仿真分析

　　在群体安全行为水平 SD 模型中,增加了安全文化的各种干预措施,包括:安全文化体系完善、合理引导群体亚文化、对接整合主文化与亚文化、安全作风建设、塑造职工安全价值观。安全文化各项干预决策矫正强度仿真图如图 4-14 所示。

　　根据决策矫正强度判定指标 I_{PT} 的计算公式,计算得到决策矫正强度随时间段 T_n 变化的趋势如图 4-15 所示。

　　根据矫正强度判定准则,以 $I_{PT} = 1$ 为基准线,完善安全文化体系、安全作风建设、亚文化合理引导和对接整合主文化与亚文化、职工安全价值观塑造在 $T_1 \sim T_5$ 时间段内对群体安全行为水平校正提升效果较为显著,即安全文化体系完善在 T_1 时间段内矫正强度最强,在 T_2 时间段内安全作风建设和群体亚文化合理引导矫正强度最强,在 $T_3 \sim T_5$ 时间段内主文化与亚文化对接整合、职工安全价值观塑造矫正强度最强。

　　研究表明,在安全文化方面各项决策中,安全文化体系完善、安全作风建设和群体亚文

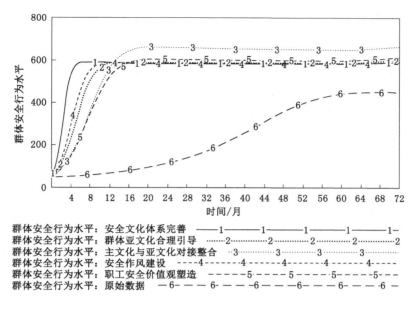

图 4-14 安全文化干预决策仿真图

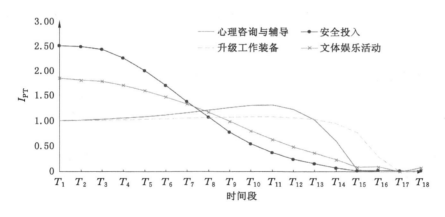

图 4-15 安全文化干预决策矫正强度 I_{PT} 随时间段 T 变化分析图

化合理引导在前期依次对群体安全行为水平的提升效果显著。主文化与亚文化对接整合、职工安全价值观塑造在后期对群体安全行为水平矫正效果均较好,主文化与亚文化对接整合在后期的矫正效果最好。

4.3 博弈论＋系统动力学的群体安全行为模拟

本节对博弈中的相关群体要素和条件进行假设,构建复制动态方程。将该方程与 SD 建模方法相结合,在 AnyLogic 中分析群体安全行为的普遍规律性。

4.3.1 博弈假设

正式群体因其组织结构较强而有统一的群体安全准则。在监督行为中，可以按照管理者的指示执行指令，但是，仍有一些人会选择进行风险操作。非正式群体大多是有相同利益的成员自发形成的，群体性较强，采取统一行为的可能性也较大，但是，如果他们的安全意识不够，经常发生不安全行为，被管理者发现，那么他们的利益就会受到损害，其凝聚力就会下降，甚至会使群体解散。非正式群体是正式群体的外在干扰，若非正式群体采取不安全的行为而不被察觉，从而提高其收益，势必会对正式群体产生影响，进而导致正式群体的不安全行为。同样的，正式群体也会对非正式群体产生影响。

因此，正式群体的行为选择与非正式群体的行为选择是一种博弈的关系。博弈收益的计算需建立在合理假设基础之上，基于组织行为学、群体动力因素和博弈论的观点来计算博弈收益，本书做如下博弈假设。

假设 1：安全管理者的行为仅是外部环境而存在，不参与博弈决策。安全管理者会监督员工的行为，并在一定程度上对非正式群体或正式群体进行安全检查。博弈双方为正式群体 1 和非正式群体 2。

假设 2：正式群体是由企业或上级机构建立的，具有清晰的群体结构和明确的群体安全准则。而非正式群体则是由一些成员自发组织起来的，他们大多有着共同的利益和目的，具有很强的凝聚力，但是组织结构松散。正式群体和非正式群体的收益主要源于安全奖金、心理安全感。

假设 3：群体安全行为主要体现在群体各要素的相互作用上。当群体 1 与群体 2 的策略一致且采取安全行为时，群体 1 和群体 2 获得的收益为群体相关要素的提升，有群体心理安全感 s、群体凝聚力 n、群体安全规范 g、群体安全意识 h、群体安全氛围 w、群体安全绩效 p；同时，群体压力 v、从众行为 o 等群体要素也在其中表现出了积极的作用。当二者策略相同且采取不安全行为时，则群体心理安全感 s、群体凝聚力 n、群体压力 v、从众行为 o 仍表现出积极作用，会提升；但是，群体安全规范 g、群体安全意识 h、群体安全氛围 w、群体安全绩效 p 均会降低。

假设 4：在双方决策不一致的情况下，正式群体与非正式群体之间存在着交互作用，其作用强度系数为 λ_1，$\lambda_2(0<\lambda_1,\lambda_2<1)$。当受另一博弈方的干扰，群体心理安全感 s、群体凝聚力 n、群体压力 v、从众行为 o 都会受到影响。采取安全行为的一方，群体安全规范 g、群体安全意识 h、群体安全氛围 w、群体安全绩效 p 均会得到改善；采取不安全行为的一方，其群体安全规范 g、群体安全意识 h、群体安全氛围 w、群体安全绩效 p 均有所降低。

假设 5：当博弈双方都采取安全行为，需要支付体力、时间等额外的安全代价（d_1——正式群体 1 的安全成本，d_2——非正式群体 2 的安全成本），但同时也会得到安全奖励 j。如果选择不安全行为，则安全成本成为其收益，并且可能会导致事故损失（l_1——正式群体 1 损失；l_2——非正式群体 2 损失），事故发生概率为 f_1 和 f_2，还会被惩罚 m。

4.3.2 博弈模型构建

根据博弈论特性，博弈双方的收益矩阵如表 4-6 所示。

表 4-6　群体与个体博弈的收益矩阵

		群体 1	
		安全行为	不安全行为
群体 2	安全行为	$(s_1+n_1+g_1+h_1+w_1+$ $v_1+o_1+p_1+j_1-d_1,$ $s_2+n_2+g_2+h_2+w_2+v_2+$ $o_2+p_2+j_2-d_2)$	$(g_1+h_1+w_1+p_1+j_1-d_1-$ $s_1-n_1-v_1-o_1-\lambda_1 E_2,$ $d_2+\lambda_2 E_1-s_2-n_2-v_2-$ $o_2-g_2-h_2-w_2-p_2-m_2-f_2 l_2)$
	不安全行为	$(d_1+\lambda_1 E_2-s_1-n_1-v_1-$ $o_1-g_1-h_1-w_1-p_1-m_1-f_1 l_1,$ $g_2+h_2+w_2+p_2+j_2-d_2-$ $s_2-n_2-v_2-o_2-\lambda_2 E_1)$	$(s_1+n_1+v_1+o_1+d_1-g_1-$ $h_1-w_1-p_1-m_1-f_1 l_1,$ $s_2+n_2+v_2+o_2+d_2-g_2-$ $h_2-w_2-p_2-m_2-f_2 l_2)$

假设群体 1 选择安全行为的概率为 x_1,选择不安全行为的概率为 $1-x_1$;群体 2 选择安全行为的概率为 x_2,选择不安全行为的概率为 $1-x_2$,并且 x_1,x_2 都是时间 t 的函数。依据群体安全行为博弈的收益矩阵(表 4-6),可得群体 1 选择安全行为的期望收益为:

$$E_{11}=x_2(s_1+n_1+g_1+h_1+w_1+v_1+o_1+p_1+j_1-d_1)+$$
$$(1-x_2)(g_1+h_1+w_1+p_1+j_1-d_1-s_1-v_1-n_1-o_1-\lambda_1 E_2) \quad (4\text{-}13)$$

群体 1 选择不安全行为的期望收益为:

$$E_{12}=x_2(d_1+\lambda_1 E_2-s_1-n_1-v_1-o_1-g_1-h_1-w_1-p_1-m_1-f_1 l_1)+$$
$$(1-x_2)(s_1+n_1+v_1+o_1+d_1-g_1-h_1-w_1-p_1-m_1-f_1 l_1) \quad (4\text{-}14)$$

群体 1 选择安全行为和不安全行为的平均期望收益可由公式(4-15)获得。

$$E_1=x_1 E_{11}+(1-x_1)E_{12} \quad (4\text{-}15)$$

以 $\mathrm{d}y/\mathrm{d}t$ 表示群体 1 安全行为比例随时间的变化率,可以得出成员个体安全行为的复制动态方程:

$$\mathrm{RDE}_1(x_1)=\frac{\mathrm{d}x_1}{\mathrm{d}t}=x_1(E_{11}-E_1)=x_1(1-x_1)(E_{11}-E_{12})$$
$$=x_1(1-x_1)[4x_2(s_1+n_1+v_1+o_1)+2g_1+2h_1+$$
$$2w_1+2p_1+j_1-2d_1-2s_1-2n_1-2v_1-2o_1-\lambda_1 E_2+m_1+f_1 l_1]$$
$$(4\text{-}16)$$

按上述步骤,可分别得出群体 2 选择安全行为和选择不安全行为的期望收益,以及平均期望收益,如式(4-17)~式(4-19)所示。

$$E_{21}=x_2(s_2+n_2+g_2+h_2+w_2+v_2+o_2+p_2+j_2-d_2)+$$
$$(1-x_2)(g_2+h_2+w_2+p_2+j_2-d_2-s_2-v_2-n_2-o_2-\lambda_2 E_1) \quad (4\text{-}17)$$

$$E_{22}=x_2(d_2+\lambda_2 E_1-s_2-n_2-v_2-o_2-g_2-h_2-w_2-p_2-m_2-f_2 l_2)+$$
$$(1-x_2)(s_2+n_2+v_2+o_2+d_2-g_2-h_2-w_2-p_2-m_2-f_2 l_2) \quad (4\text{-}18)$$

$$E_2=x_2 E_{21}+(1-x_2)E_{22} \quad (4\text{-}19)$$

进而得出群体安全行为的复制动态方程:

$$\mathrm{RDE}_2(x_2) = \frac{\mathrm{d}x_2}{\mathrm{d}t} = x_2(E_{21} - E_2) = x_2(1 - x_2)(E_{21} - E_{22})$$
$$= x_2(1 - x_2)[4x_1(s_2 + n_2 + v_2 + o_2) + 2g_2 + 2h_2 +$$
$$2w_2 + 2p_2 + j_2 - 2d_2 - 2s_2 - 2n_2 - 2v_2 - 2o_2 -$$
$$\lambda_2 E_1 + m_2 + f_2 l_2] \tag{4-20}$$

从复制动态系统中,可以得出该系统的 5 个局部平衡点,分别是:$(0,0)$,$(0,1)$,$(1,0)$,

$$(1,1),\left(\frac{2d_2 + 2s_2 + 2n_2 + 2v_2 + 2o_2 + \lambda_2 E_1 - 2g_2 - 2h_2 - 2w_2 - 2p_2 - j_2 - m_2 - f_2 l_2}{4(s_2 + n_2 + v_2 + o_2)},\right.$$

$$\left.\frac{2d_1 + 2s_1 + 2n_1 + 2v_1 + 2o_1 + \lambda_1 E_2 - 2g_1 - 2h_1 - 2w_1 - 2p_1 - j_1 - m_1 - f_1 l_1}{4(s_1 + n_1 + v_1 + o_1)}\right)。$$

一般在博弈参与者中,一方的策略选择往往会受到对方的收益的影响。在实际的安全生产中,群体间难以全面地掌握彼此的收益情况。要判断两个群体之间的安全行为博弈能否最终实现平衡,必须进行大量的运算。在群体安全行为博弈中,存在着许多影响因素,并且存在着复杂的复制动态体系,这使得模型的计算难度很大。下面运用系统动态学理论对员工群体在不同策略下的安全行为进行博弈分析。

4.3.3 群体安全行为演变过程

4.3.3.1 系统动力学模型构建

正式群体及非正式群体的安全行为博弈的收益随着时间的推移而发生变化,采用单一的博弈平衡点来判定进化稳定性,其过程比较烦琐,而且不能观察到其动态演变的过程,而系统动力学(SD)则能从整体上研究博弈平衡的动态过程。基于博弈论的分析,将群体安全行为的演化对策、复制动力学方程和系统动力学结合起来,利用 AnyLogic 对其安全行为博弈进行了深入的分析。在群体安全行为博弈 SD 模型中,引入了博弈双方的主要影响因子、回归系数、博弈双方期望收益和平均收益,基于 SD 的建模特征,结合 AnyLogic 的模拟特征,建立了如图 4-16 所示的群体安全行为博弈 SD 模型。基于这一模型,本书对群体安全行为的一般规律进行了深入的剖析,为今后开展煤矿职工群体安全行为定性仿真技术的研究打下了坚实的基础。

从图 4-16 中可以看出,模型中的多个变量均创建了影子变量,这是为了尽可能地减少 SD 模型的连线交叉。AnyLogic 是基于 JAVA 进行变量运算的,变量命名需符合 JAVA 的变量命名特点,因此模型中的变量名称使用相关英文字母命名,模型变量名称的具体意义如表 4-7 所示。

图 4-16 所示模型中各变量之间的数量关系和所构成的系统动力学方程是依据上述公式确定。具体方程见式(4-21)~式(4-28),其中,方程的各变量意义见表 4-7。

$$\frac{\mathrm{d}(\mathrm{Safety\_Group1})}{\mathrm{d}t} = \mathrm{Change\_Rate1} \tag{4-21}$$

$$\mathrm{Change\_Rate1} = \mathrm{Safetyrate\_}G_1 \times (1 - \mathrm{Safetyrate\_}G_1) \times (\mathrm{Bsafety\_}G_1 - \mathrm{Bunsafe\_}G_1) \tag{4-22}$$

$$\mathrm{Bsafety\_}G_1 = \mathrm{Safetyrate\_}G_2 \times (s_1 + n_1 + g_1 + h_1 + w_1 + v_1 + o_1 + p_1 + j_1 - d_1) +$$
$$(1 - \mathrm{Safetyrate\_}G_2) \times (g_1 + h_1 + w_1 + p_1 + j_1 - d_1 - s_1 -$$
$$v_1 - n_1 - o_1 - \lambda_1 * \mathrm{Safety\_Group2}) \tag{4-23}$$

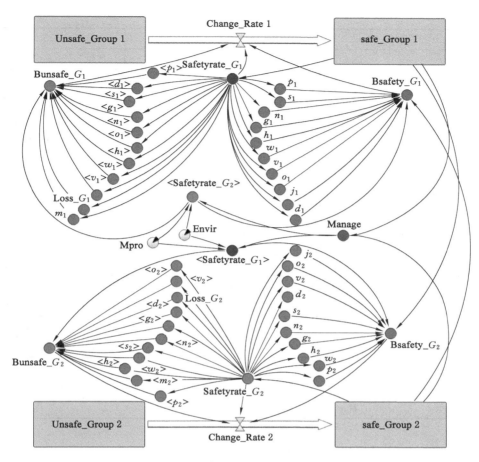

图 4-16　群体安全行为博弈 SD 模型

表 4-7　SD 模型变量意义

序号	SD 变量	意义	序号	SD 变量	意义
1	Unsafe_Group1	群体 1 不安全行为	31	v_2	群体 2 压力
2	Safety_Group1	群体 1 安全行为	32	o_2	群体 2 从众行为
3	Unsafe_ Group2	群体 2 不安全行为	33	d_2	群体 2 安全成本
4	Safety_ Group2	群体 2 安全行为	34	j_2	群体 2 安全奖励
5	Change_Rate1	群体 1 安全行为变化率	35	Loss_G_2	群体 2 事故损失($l_2 \times f_2$)
6	Change_Rate2	群体 2 安全行为变化率	36	m_2	群体 2 惩罚
7	Safetyrate_G_1	群体 1 安全行为率	37	Mpro	管理者检查概率
8	Safetyrate_G_2	群体 2 安全行为率	38	Envir	群体环境
9	Bunsafe_G_1	群体 1 不安全行为收益	39	Manage	管理措施
10	Bsafety_G_1	群体 1 安全行为收益	40	$<s_1>$	群体 1 心理安全感影子变量
11	Bunsafe_G_2	群体 2 不安全行为收益	41	$<n_1>$	群体 1 凝聚力影子变量
12	Bsafety_G_2	群体 2 安全行为收益	42	$<g_1>$	群体 1 安全规范影子变量

表4-7（续）

序号	SD变量	意义	序号	SD变量	意义
13	s_1	群体1心理安全感	43	$<h_1>$	群体1安全意识影子变量
14	n_1	群体1凝聚力	44	$<w_1>$	群体1安全氛围影子变量
15	g_1	群体1安全规范	45	$<p_1>$	群体1安全绩效影子变量
16	h_1	群体1安全意识	46	$<v_1>$	群体1压力影子变量
17	w_1	群体1安全氛围	47	$<o_1>$	群体1从众行为影子变量
18	p_1	群体1安全绩效	48	$<d_1>$	群体1安全成本影子变量
19	v_1	群体1压力	49	$<s_2>$	群体2心理安全感影子变量
20	o_1	群体1从众行为	50	$<n_2>$	群体2凝聚力影子变量
21	d_1	群体1安全成本	51	$<g_2>$	群体2安全规范影子变量
22	j_1	群体1安全奖励	52	$<h_2>$	群体2安全意识影子变量
23	$Loss\_G_1$	群体1事故损失（$l_1 \times f_1$）	53	$<w_2>$	群体2安全氛围影子变量
24	m_1	群体1惩罚	54	$<p_2>$	群体2安全绩效影子变量
25	s_2	群体2心理安全感	55	$<v_2>$	群体2压力影子变量
26	n_2	群体2凝聚力	56	$<o_2>$	群体2从众行为影子变量
27	g_2	群体2安全规范	57	$<d_2>$	群体2安全成本影子变量
28	h_2	群体2安全意识	58	$<Safetyrate\_G_1>$	群体1安全行为率影子变量
29	w_2	群体2安全氛围	59	$<Safetyrate\_G_2>$	群体2安全行为率影子变量
30	p_2	群体2安全绩效			

$$Bunsafe\_G_1 = Safetyrate\_G_2 \times (d_1 + \lambda_1 \times Safety\_Group2 - s_1 - n_1 -$$
$$v_1 - o_1 - g_1 - h_1 - w_1 - p_1 - m_1 - Loss\_G_1) +$$
$$(1 - Safetyrate\_G_2) \times (s_1 + n_1 + v_1 + o_1 + d_1 - g_1 -$$
$$h_1 - w_1 - p_1 - m_1 - Loss\_G_1) \tag{4-24}$$

$$\frac{d(Safety\_Group2)}{dt} = Change\_Rate2 \tag{4-25}$$

$$Change\_Rate2 = Safetyrate\_G_2 \times (1 - Safetyrate\_G_2) \times (Bsafety\_G_2 - Bunsafe\_G_2)$$
$$\tag{4-26}$$

$$Bsafety\_G_2 = Safetyrate\_G_1 \times (s_2 + n_2 + g_2 + h_2 + w_2 + v_2 + o_2 + p_2 + j_2 - d_2) +$$
$$(1 - Safetyrate\_G_1) \times (g_2 + h_2 + w_2 + p_2 + j_2 - d_2 - s_2 - v_2 -$$
$$n_2 - o_2 - \lambda_2 \times Safety\_Group1) \tag{4-27}$$

$$Bunsafe\_G_2 = Safetyrate\_G_1 \times (d_2 + \lambda_2 \times Safety\_Group1 - s_2 - n_2 - v_2 -$$
$$o_2 - g_2 - h_2 - w_2 - p_2 - m_2 - Loss\_G_2) +$$
$$(1 - Safetyrate\_G_1) \times (s_2 + n_2 + v_2 + o_2 + d_2 - g_2 - h_2 -$$
$$w_2 - p_2 - m_2 - Loss\_G_2) \tag{4-28}$$

在该模型的基础上，运用博弈复制动态方程，对不同的策略在群体安全行为中的博弈平衡进行了深入的研究；同时，在动态演化过程中，借助SD模型和AnyLogic软件，探索群体安全行为的普遍规律。

4.3.3.2　群体安全行为初始状态 SD 仿真

通过对群体安全行为的博弈分析,运用 SD 模拟方法对其进行了研究,本书得出了群体安全行为一般规律。为研究不同对策下的博弈参与者的动态演变过程,本书对 SD 模型中各个变量的取值区间和初始值进行了设置。

根据变量所表达的意义、调查问卷结果、多元线性回归系数和 SD 模型的特点,通过反复调试、仿真,最终确定了各变量的变化范围。为了更清晰地观察群体安全行为的演化规律,在 SD 仿真中,将群体安全行为率的变化范围设置为 $0\sim1$,状态变量的变化范围设置为 $0\sim100$,辅助变量的变化范围设置为 $0\sim50$ 等。SD 模型中变量的变化范围及初始值的详情见表 4-8。

通过对变量表达的意义、问卷结果、多元线性回归系数、SD 模式的分析及反复调试、仿真,最终得出了各个变量的变动区间。在 SD 模拟中,为了更清晰地观察群体安全行为的演化规律,设定群体安全行为率的变化范围为 $0\sim1$,状态变量的变化范围设置为 $0\sim100$,辅助变量的变化范围设定为 $0\sim50$ 等。在 SD 模式下,变量的变化范围和初始值如表 4-8 所示。

表 4-8　变量变化范围及初始值

变量类型	SD 变量	变化范围	初始值
状态变量	Unsafe_Group1	$0\sim100$	50
	Safety_Group1	$0\sim100$	50
	Unsafe_ Group2	$0\sim100$	50
	Safety_Group2	$0\sim100$	50
辅助变量	Safetyrate_G_1	$0\sim1$	0.5
	Safetyrate_G_2	$0\sim1$	0.5
	s_1	$0\sim50$	30
	n_1	$0\sim50$	25
	g_1	$0\sim50$	30
	h_1	$0\sim50$	30
	w_1	$0\sim50$	25
	p_1	$0\sim50$	30
	v_1	$0\sim50$	25
	o_1	$0\sim50$	25
	d_1	$0\sim50$	25
	j_1	$0\sim50$	25
	Loss_G_1	$0\sim50$	25
	m_1	$0\sim50$	25
	s_2	$0\sim50$	25
	n_2	$0\sim50$	30
	g_2	$0\sim50$	25

表 4-8（续）

变量类型	SD 变量	变化范围	初始值
辅助变量	h_2	0～50	25
	w_2	0～50	25
	p_2	0～50	25
	v_2	0～50	30
	o_2	0～50	30
	d_2	0～50	25
	j_2	0～50	25
	Loss_G_2	0～50	25
	m_2	0～50	25
常量	Mpro	0～1	0.5
	Envir	0～20	0
	Manage	0～20	0

初始条件下各个因素的初始值如表 4-8 所示。根据正式群体和非正式群体的特征,分别对应地改变了代表正式群体和非正式群体显著特征的各因素的初始数值,例如在非正式群体形成之初,其凝聚力高,故设为 30,则正式群体的凝聚力为 25。以管理决策和群体环境为外在因素,将初始值设定为 0,使整个博弈系统不会受到外界的影响。

本书以初始状态为参考,对比分析不同策略对群体安全行为的影响。综合考虑不同策略下群体安全行为水平数值的变化范围,在确保有效反映群体安全行为水平及各要素变化趋势的同时,尽可能提高仿真效率,经过反复仿真、调试,最终将仿真时长设置为 60 个时间段。初始状态下,正式群体(群体 1)安全行为水平和非正式群体(群体 2)安全行为水平数值变化如表 4-9 所示,具体变化趋势如图 4-17 所示。

以初始状态为参考,比较各种策略在群体安全行为中的作用。在综合考虑了不同策略下群体安全行为的变动幅度后,在确保群体的安全行为和各种因素的变化趋势得到切实体现的情况下,通过反复模拟、调试,最终设定了 60 个仿真时段。在初始状态下,正式群体(群体 1)安全行为水平和非正式群体(群体 2)安全行为水平数值变化情况如表 4-9 所示,具体变化趋势如图 4-17 所示。

表 4-9　群体安全行为水平数值变化情况

时间段	数值		时间段	数值		时间段	数值	
	群体 1	群体 2		群体 1	群体 2		群体 1	群体 2
0	50.000	50.000	21	73.705	72.359	42	79.910	74.971
1	50.698	50.958	22	74.666	72.839	43	79.910	74.971
2	51.447	51.965	23	75.520	73.242	44	79.910	74.971
3	52.247	53.019	24	76.268	73.577	45	79.910	74.971
4	53.102	54.121	25	76.915	73.853	46	79.910	74.971

表4-9(续)

时间段	数值		时间段	数值		时间段	数值	
	群体1	群体2		群体1	群体2		群体1	群体2
5	54.016	55.267	26	77.460	74.079	47	79.910	74.971
6	54.989	56.456	27	77.931	74.262	48	79.910	74.971
7	56.024	57.680	28	78.319	74.411	49	79.910	74.971
8	57.121	58.935	29	78.640	74.530	50	79.910	74.971
9	58.279	60.209	30	78.904	74.626	51	79.910	74.971
10	59.496	61.494	31	79.119	74.702	52	79.910	74.971
11	60.767	62.774	32	79.294	74.764	53	79.910	74.971
12	62.085	64.035	33	79.436	74.812	54	79.910	74.971
13	63.441	65.262	34	79.549	74.851	55	79.910	74.971
14	64.820	66.439	35	79.641	74.882	56	79.910	74.971
15	66.209	67.551	36	79.714	74.907	57	79.910	74.971
16	67.589	68.585	37	79.773	74.926	58	79.910	74.971
17	68.941	69.531	38	79.819	74.941	59	79.910	74.971
18	70.246	70.382	39	79.857	74.954	60	79.910	74.971
19	71.485	71.136	40	79.887	74.963			
20	72.642	71.794	41	79.910	74.971			

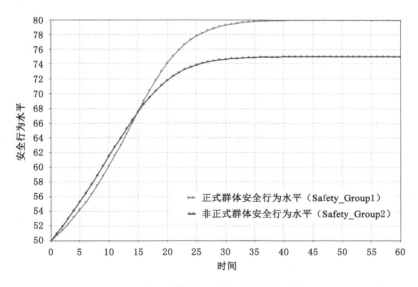

图 4-17 群体安全行为具体变化趋势

　　仿真结果表明:在第 0～15 个时段内,非正式群体的安全行为水平比正式群体的安全行为水平要高,并且增长率也比正式群体高。这是由于非正式群体的成员具有相同的目标,并受到相同的利益驱使而具有更高的凝聚力。初始阶段,在没有外力的情况下,群体的各个因素水平都是中等的,非正式群体倾向于采取安全的行为。不过,非正式群体的组织结构并不像正式群体那样合理,也没有正式的群体安全标准。因此,随着博弈进行到一定程度后,非正式群体安全行为增长速度会降低,低于正式群体安全行为的增长速度,并在 40 个时间段内趋于平衡;正式群体由于具有清晰的群体结构和群体安全准则,在正确的安全领导下,其安全行为水平的发展速度较高,并且在最后的均衡状态中的安全行为水平(大约 80)高于非正式群体(大约 75)。

4.3.3.3 群体安全行为 SD 仿真分析

上一节用 SD 方法模拟了群体安全行为的初始状态,结果表明:正式群体和非正式群体在博弈过程中均达到平衡状态。在企业的生产中,职工群体的外力主要来源于管理者和群体所处的环境,这里的环境包括自然环境、设备、机械等非自然环境。要对群体安全行为的一般规律进行分析,需要从外部因素和管理决策两个方面来分析它们在外部力量的影响下的演化。在此基础上,运用控制变量的方法分别对管理决策、群体环境对群体安全行为的影响进行了分析。在不同强度的管理决策与群体安全行为下,利用 AnyLogic 敏感度分析方法,分析研究正式群体和非正式群体安全行为的变化过程。

(1)管理决策

管理决策变量的变化范围为 0～20,综合考虑 AnyLogic 的分析效果,将以 2 为步长,逐步分析不同管理决策强度下,两种群体安全行为的状态变化。仿真结果如图 4-18(a)和图 4-18(b)所示。

从图 4-18(a)中可以看出,正式群体的安全行为随管理决策强度的增大而呈逐步上升的趋势,其初始值从 80 上升到 97.5,并且已经趋于平衡。以初始状态为基准,通过加强管理决策的力度,最终使正式群体安全行为比初始状态提高了 21.875%。

观察图 4-18(a)可以发现,正式群体安全行为水平速率随强度的增大而逐步上升,由开始(Manage＝0)的 40 个时间段到达平衡状态,至最后(Manage＝20)的 20 个时间段,则缩短了 50.000%。

图 4-18(b)为在管理决策方面对非正式群体进行敏感性分析,通过分析可以发现非正式群体的安全行为随管理决策强度的增加而逐步上升,由最初的 75 上升至 91.1,上升了 21.467%。如图 4-18(b)所示,管理决策强度增加,非正式群体的安全行为水平的增长率也在增加,到达平衡状态的时间由 40 个时间段(Manage＝0)减少了到 25 个时间段(Manage＝20),时间缩短 37.500%。

(2)群体环境

类比于管理决策强度分析法,本书采用以 2 为步长改变群体环境变量逐步分析了其对正式群体和非正式群体的安全行为的影响。

从图 4-19(a)中可以看出,正式群体的安全行为水平随群体环境干扰强度的增大而降低,由初始的 80 降低到 16.1,并趋于平衡。在初始条件下,通过加强群体环境干扰的强度,使正式群体的安全行为比原始状态下降 79.875%。

从图 4-19(a)中还可以发现,在强度增大的情况下,正式群体安全行为的降低速度也逐渐增大,从开始(Envir＝0)的 40 个时间段减少到 18 个时间段(Envir＝20)达到平衡状态,时间缩短 55.000%。

图 4-19(b)为在群体环境方面对非正式群体进行敏感性分析,从图中可以看出,非正式

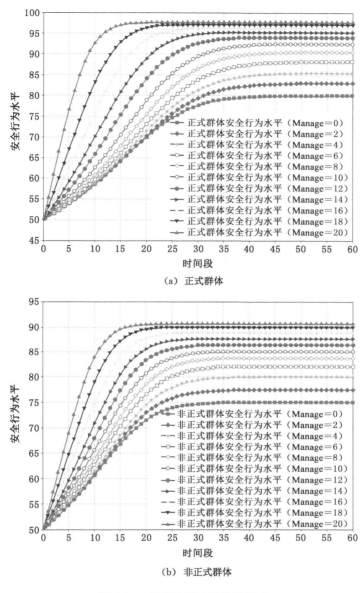

图 4-18　管理决策对群体的影响

群体安全行为水平随群体环境干扰程度的增强而呈递减趋势,由最初的 75 降低至 10.0,下降至 86.667%。从图中还可以直观地看出,随着群体环境强度的增强,非正式群体安全行为水平降低速度也有所增加,从 40 个时间段(Envir=0)减少到 20 个时间段(Envir=20)后达到均衡状态,时间缩短 50.000%。

以上仿真结果显示,管理决策能有效地改善群体的安全行为,而群体环境则会影响群体的安全行为。

（3）安全检查

群体的博弈收益除了来自内部各要素的变化、管理措施及群体环境的影响,管理者的检

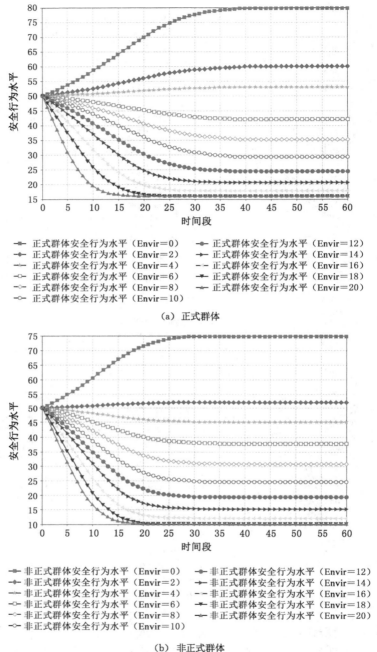

（a）正式群体

（b）非正式群体

图 4-19　群体环境对群体的影响

查与否也对其具有重要影响。在实际生产中,管理者的检查概率并不是一成不变的,而是根据实际情况波动的。如管理者检查发现某个班组违章现象严重,下次则会重点检查该班组。为了便于分析,在初始状态的基础上,将管理决策(Manage)和群体环境(Envir)的取值分别设置为 10,即群体受到群体环境干扰,但同时也受到管理决策的正向作用。基于此,在模型的基础上,以各变量初始值为参照,对管理者检查概率与群体安全行为的变化规律进行研究。

图 4-20(a)和图 4-20(b)分别为安全检查与正式群体和非正式群体之间的关系。从图 4-20(a)中可以看出,正式群体安全行为的水平变化与安全检查的概率存在一定的周期关系。安全检查概率增加,则正式群体安全行为水平会有所上升,但当安全行为水平达到一定高度后,安全检查的概率反而降低。这是因为管理者经过一段时间安全检查后,群体安全行为水平升高,违章现象减少,从管理者角度来看,继续检查,收益甚微,不如去检查其他违章现象多的群体。但随着管理者监管力度的下降,正式群体安全行为水平开始下降,此时,管理者又会重新将检查重点放在该群体上,即检查概率开始逐渐上升。

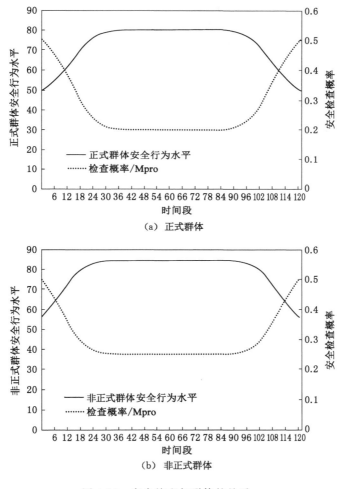

图 4-20　安全检查与群体的关系

从图 4-20(b)中可以看出,非正式群体和安全检查的关系与正式群体相似。仔细观察可以发现,管理者对非正式群体的检查概率要多于正式群体,这是因为,非正式群体缺少科学的安全准则等条件,安全行为水平也较低,管理者检查的力度也会比正式群体高。

通过初始状态的仿真、管理决策和群体环境的敏感度分析以及安全检查与群体安全行为水平的关系仿真,可以初步总结出群体安全行为水平的普遍规律性。

(1) 在正式群体和非正式群体中,正确的管理决策能明显提高其安全行为。在高强度的管理决策(Manage=20)作用下,正式群体的安全行为水平(97.5)比非正式群体的安全行为水平(91.1)高,并且其增长速度也比非正式群体高。

(2) 群体环境会影响正式群体与非正式群体的安全行为水平。研究表明,在高强度的群体环境(Envir=20)干扰下,当处于博弈均衡状态时,非正式群体的安全行为水平降低的速率比正式群体的安全行为要高,而非正式群体的安全行为水平(10.0)比正式群体的安全行为水平(16.1)低。

(3) 在扩充了仿真时间后,对安全检查与群体安全行为的关系进行了仿真。通过分析发现,安全检查概率与群体安全行为水平的变化存在周期性,且二者处于此消彼长的状态。群体安全行为水平提高,则安全检查概率降低;反之,群体安全行为水平降低,则安全检查概率升高。通过对比可以发现管理者对非正式群体的检查概率要高于对正式群体的检查概率。

5 群体安全行为态势预警研究

5.1 群体安全行为态势预测方法简介

5.1.1 BP 神经网络

风险数据具有时序特征,通常使用时间序列的统计分析对其进行预测。BP 神经网络在时间序列预测方面不仅能预测线性数据还能预测非线性数据,能有效地减少预测误差。因此,BP 神经网络常用来预测企业风险的变化趋势。同样,该方法在群体安全行为态势预测研究的领域中也发挥了巨大作用。

设风险数据的输出时序为 $Y_0, Y_1, \cdots, Y_n$,时序-神经网络模型可用公式(5-1)表示。

$$Y_t = TSA(Y_{t-1}) \tag{5-1}$$

式中,$TSA(\cdot)$ 是系统时序特性。

按照公式(5-1)可构造时序-神经网络模型,即以 Y_{t-1} 作为 BP 神经网络的输入,Y_t 作为输出,而由时序 $\{Y_0, Y_1, \cdots, Y_n\}$ 形成的 n 个样本 $(Y_0, Y_1), (Y_1, Y_2), \cdots, (Y_{n-1}, Y_n)$ 提供给 BP 神经网络学习,则可逐渐逼近 $TSA(\cdot)$,从而掌握企业风险变化的特性。

本书结合实际,提出了一种使用单隐层的三层 BP 神经网络,隐层节点由公式(5-2)计算所得。

$$p = n + m + a \tag{5-2}$$

式(5-2)中:p 为最佳隐层节点数;n 为输入层节点数;m 为输出层节点数;$1 \leqslant a \leqslant 10$。

输出层的节点为 1;通过由小到大的方式来决定输入层的节点,也就是在输入节点数目增加到一定程度的时候,错误不会显著降低,这时的节点数就是输入层的节点数目。在此基础上,根据 BP 神经网络对风险数量的训练情况,选取输入层神经元个数 $n = 5$。通过输入层节点和输出层节点的数量,可以从公式(5-2)获得隐层节点 p;在实际运算中,$p = 7$。

把实际的时序统计值 $x_t, x_{t+1}, \cdots, x_{t+4}$ 作为输入,把统计值 x_{t+5} 作为输出,构建训练样本。BP 神经网络按照常规方法训练完成后,将 5 个连续时刻的实际统计数据作为输入,从而得到下一时刻的预测值。如果以天为单位,把预测日期前一个月的风险数量作为测试样本,把测试样本前两年的风险数量作为训练样本。例如,如果需要预测 2018.4.19 的风险数量,则把 2018.3.19—2018.4.18 的风险数量作为测试样本,把 2016.3.19—2018.3.18 的风险数量作为训练样本。测试样本(2018.3.19—2018.4.18 的风险数量)以及对应预测的风险数量如表 5-1 所示,其变化趋势如图 5-1 所示。

表 5-1　测试样本及预测风险数量对照表

日期	测试样本	预测数值	日期	测试样本	预测数值
3.19	1 106	1 109	4.04	939	936
3.20	1 069	1 072	4.05	943	941
3.21	1 041	1 039	4.06	973	975
3.22	1 038	1 035	4.07	1 100	1 101
3.23	1 114	1 118	4.08	1 104	1 103
3.24	1 091	1 093	4.09	1 097	1 099
3.25	1 105	1 109	4.10	1 022	1 025
3.26	1 019	1 017	4.11	1 019	1 018
3.27	1 093	1 090	4.12	1 101	1 099
3.28	1 081	1 083	4.13	1 011	1 010
3.29	1 106	1 104	4.14	989	986
3.30	1 010	1 012	4.15	1 050	1 046
3.31	1 089	1 089	4.16	1 020	1 018
4.01	1 073	1 071	4.17	1 021	1 016
4.02	1 022	1 025	4.18	1 101	1 110
4.03	1 009	1 011			

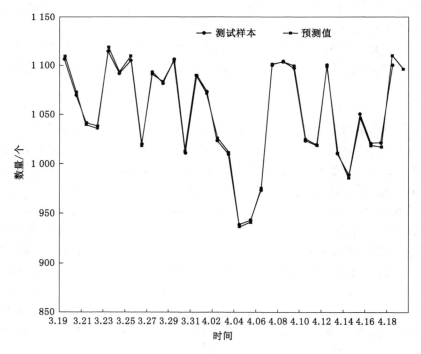

图 5-1　测试样本及预测风险数量变化趋势

从表 5-1 和图 5-1 中可以看出预测数值与测试样本的变化趋势相似,测试样本与预测风险数量误差百分比如图 5-2 所示。

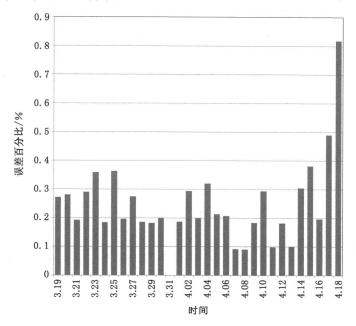

图 5-2　测试样本与预测风险数量误差百分比

从图 5-2 中可以看出测试样本与预测风险数量误差百分比最大约为 0.81%,表明该算法正确性较高,能准确地预测出风险数量。

5.1.2　自适应神经网络

ANFIS(自适应神经网络)不仅具备神经网络自组织、自适应和自学习的能力,还能很好地表达推理能力。因此,ANFIS 也会被用来预测风险数据。在实际运用中发现,虽然 ANFIS 能预测风险的变化趋势,但是误差较大。本书的后续内容将根据风险变化的趋势和 ANFIS 的特点介绍如何优化该预测算法。

ANFIS 中的最小误差梯度搜索法是一种以总错误最小化为基础的方法,根据误差函数 E 减小最快的方向调整前提参数,以达到最小误差的目的。风险预测误差较大,究其原因,是 ANFIS 的学习速率是恒定不变的,影响了其自学习的效果。因此,本书将从优化 ANFIS 的学习速率入手,优化其风险预测的能力。本书通过公式(5-3)调整学习参数。

$$a_i(k+1) = 2a_i(k) - \eta \frac{\partial E}{\partial a_i} - a_i(k-1) \tag{5-3}$$

式中:η 为学习速率;a_i 为输出。

5.2　群体安全行为态势预测方法优化

本节重点阐述三种群体安全行为态势预测方法,即基于 ANFIS 的双重优化、基于 BN-

ELM(贝叶斯网络-极限学习机)的预测方法和基于系统动力学的 GA-BP 预测方法。

5.2.1 基于 ANFIS 的双重优化

为了进一步缩小误差,本书借助企业风险周期性变化的特性,继续深入优化 ANFIS。同一企业在相似生产条件下,其风险数据的变化是呈现周期性的。为了提高风险预测的可靠性,基于挖掘的数据,分析风险数据的周期性误差,并以此来优化风险预测,其模型如公式(5-4)和(5-5)所示。

$$\mu = \frac{1}{m} \sum_{i=n-m}^{n-1} \frac{a_{n-i} - a_{n-i-1}}{a_{n-i}} \tag{5-4}$$

式中:m 为参考的数据量;n 为待分析数据的年份;r 为分析的风险数据;μ 为风险数据的均值;$1 \leqslant m < n$。

$$\lambda = \sqrt{\frac{1}{m} \sum_{i=n-m}^{n-1} \left(\frac{a_{n-i} - a_{n-i-1}}{a_{n-i}} - \mu \right)^2} \tag{5-5}$$

式中:λ 为数据误差的标准差。

例如,待分析的数据为 2021 年 8 月 10 日的"三违"数据,参考前三年的数据(2018—2020),即 $n = 2\,020$,$m = 5$,把 n、m 和相关数据代入公式(5-4),分析相邻两年的同一日期的误差;然后运用公式(5-5)计算近三年"三违"数据的标准差,分析其离散程度。对 ANFIS 学习速率继续优化,如公式(5-6)所示。

$$a_i(k+1) = a_i(k) - \eta \frac{\partial E}{\partial a_i} + \frac{\lambda}{a_i(k)} [a_i(k) - a_i(k-1)] \tag{5-6}$$

优化后的实际风险数据如图 5-3 所示;优化后的对比预测数据如图 5-4 所示。其变化趋势一致,表明优化后的 ANFIS 并未影响预测风险的变化趋势。为了探明优化后的 AN-FIS 收敛效果,计算其误差(图 5-5),发现误差均在 10 以内,缩小了约 16%,这表明调整其学习速率后,ANFIS 收敛效果更好,误差明显缩小。

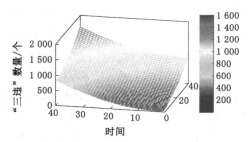
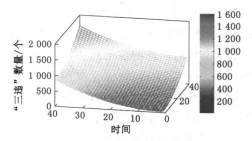

图 5-3　优化后的实际风险数据　　　　　图 5-4　优化后的预测数据

二次优化后的 ANFIS 预测风险数据及其误差如图 5-6、图 5-7 所示。从图中可以看出,风险预测数据与实际数据变化趋势相同,表明二次优化后的 ANFIS 不会影响风险的变化趋势预测。图 5-7 中的误差在 4 以内,相较于原始误差降低了 66%;相较于第一次优化,误差降低了 60%。

通过两次优化的结果分析,表明 ANFIS 具有较好的函数近似特性,具有较高的收敛速度和精度,能够自动地构造出模糊推理规则,并对学习参数进行调节。

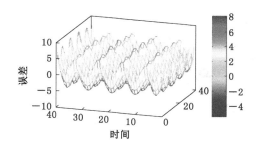

图 5-5　优化后的误差

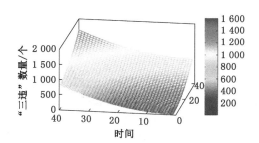

图 5-6　二次优化后的预测风险数据

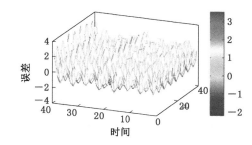

图 5-7　二次优化后的误差

继续观测它的拟合优度,如图 5-8 所示。训练集的 R 值为 0.986 77,而验证集和测试集的 R 值分别为 0.971 24 和 0.937 08,这表明 ANFIS 模型具有很好的预测数据集适用性。

从预测结果可以看出,拟合训练优度明显高于拟合的检验和验证的优度,与一般的预测情况相吻合,表明所选模型仍不是最优模型。理想情况下,这三个数应完全相等,这表明预测模型或多或少地过度拟合了。但是,可以看出拟合优度达到了 0.90 以上,代表模型取得了良好的结果;拟合优度也达到了预期的 0.95 以上,表明该模型在预测能力方面值得肯定。

5.2.2　基于 BN-ELM 的预测方法

本书对影响企业的安全性要素进行检测,首先将与安全相关的信息进行分类、归纳、整合并建立数据模型;接着,对安全态势的发展趋势进行预测;最后,将评估结果作为企业安全管理提供决策支持和数据参考依据。

群体安全行为态势预测模型的指标体系主要依据事故案例分析,并通过贝叶斯网络提取事故致因因素来选取。预测模型则是先利用极限学习机的算法,对直接影响风险的一级指标的数据值进行预测。之后,在一级指标值预测的基础上,利用贝叶斯网络模型对风险发生的概率进行二次预测。最后,根据风险可能性、风险等级等预测数据,为安全管理提供策略依据。

5.2.2.1　指标体系构建

贝叶斯网络是一种数学网络,它被广泛地用于描述两个随机变量的概率关系,可以定义为:$BN = (G, \theta)$。

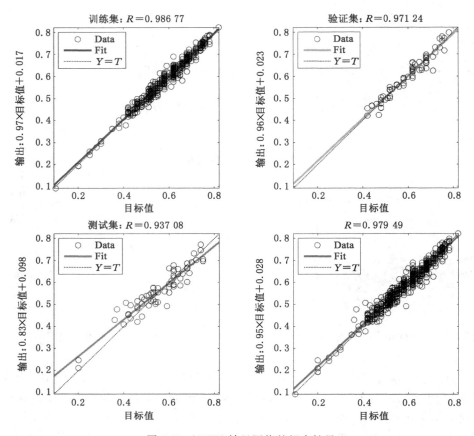

图 5-8　ANFIS 神经网络的拟合结果

$$P(X_1, X_2, X_3, \cdots, X_n) = \prod_{i=1}^{n} P(X_i \mid X_1, X_2, X_3, \cdots, X_{n-1}) \qquad (5\text{-}7)$$

式中，X_i 表示第 i 个节点。

　　在给定节点的先验概率和节点的条件概率前提下，可以求出所有节点的联合概率。因而，当与事故预测有关的数据不足时，可以通过专家的判断来改变贝叶斯网络的结构和节点概率。

　　从贝叶斯网络模型结构中提取风险致因链，划分指标为一级指标和多级指标。

　　根据风险事故致因分析，结合人因因素分析，确定了影响一级指标数值变化的多级指标。

5.2.2.2　风险预测

　　极限学习机是一种通过对随机初始化输入权重、偏置并获得输出权重以求解单隐层神经网络的快速学习算法。设 n 个任意样本 (x_j, t_j)，其中 $\boldsymbol{x}_i = [x_{j1}, x_{j2}, x_{j3}, \cdots, x_{jn}]^{\mathrm{T}} \in R^n, \boldsymbol{t}_j = [t_{j1}, t_{j2}, \cdots, t_{jm}]^{\mathrm{T}} \in R^m$，一个有 L 个隐层节点的单隐层神经网络，如公式(5-8)所示。

$$\sum_{i=1}^{t} \beta_i g(W_i x_j + b_i) = t_j, j = 1, 2, 3, \cdots, n \qquad (5\text{-}8)$$

式中：β_i 为输出权重，W_i 是输入权重，b_i 是隐层单元的偏置，t_j 为期望输出。

（1）一级指标预测

从贝叶斯网络中可知，对风险发生有直接影响的一级指标，它的多级指标在信息系统、监测系统中是可以直接获得的。因此，在预测风险发生的可能性时，需要先对导致风险发生的一级指标进行预测。

在预测一级指标时，一级指标与多级指标之间的关系是一种隐含的非线性影响关系。如果采用多级指标作为输入变量，其对应的一级指标是输出变量，那么可以选用极限学习机算法来构建一级指标的预测模型。极限学习机算法具有较强的泛化能力，可以探究非线性映射关系。

（2）二级指标预测

根据式（5-7），可得瓦斯爆炸风险概率的预测模型，当一级指标取值为 F 时有：

$$P(G=Y \mid F=f) = \frac{P(G=Y) \cdot P(F=f \mid G=Y)}{P(F=f)} \tag{5-9}$$

式中，G 为风险，$G=Y$ 表示风险出现，$F=\{F_1=f_1, F_2=f_2, F_n=f_n\}$ 是 F_i 的取值集合。

针对不同的风险程度，必须按照危险的可能性将其进行等级划分。风险分为四个等级：无风险、低风险、中风险和高风险（表5-2）。

表 5-2 安全态势影响的风险等级

序号	风险概率范围	风险等级	等级权重
Ⅰ	$[0, 0.3)$	无风险	0
Ⅱ	$[0.3, 0.6)$	低风险	1
Ⅲ	$[0.6, 0.8)$	中风险	2
Ⅳ	$[0.8, 1)$	高风险	3

当计算区域的概率值大于 0.6，等级到达中风险以上时，需要对该区域进行风险预警，然后再对其安全状况进行评估。

图 5-9 中，有 4 组数据（16,20,44,76）的误差较大，均是经过矫正的预测误差小于矫正前的误差，最大相差 0.01。

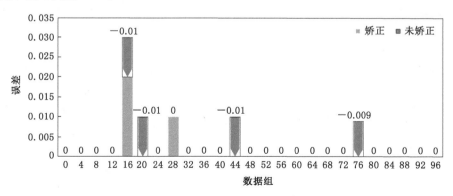

图 5-9 风险概率预测误差对比分析

图 5-10 表明，有 13 组数据（0,28,32,54,58,68,72,80,82,90,92,96,98）的误差一致，

其余的均是经过矫正的预测误差小于未矫正的预测误差,最大相差 0.03(64 组)。

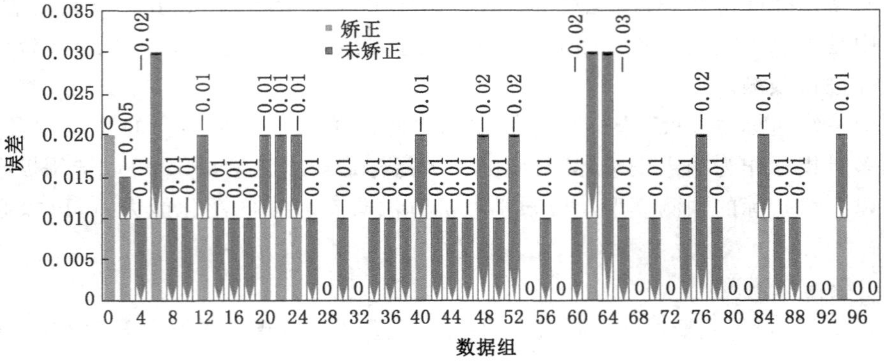

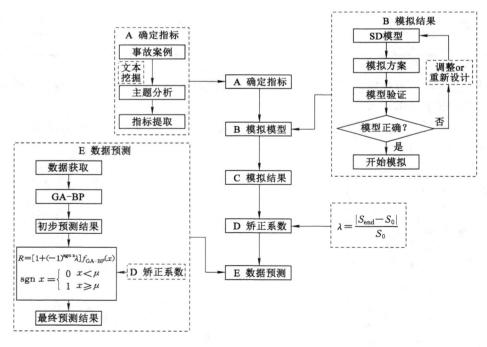

图 5-10   安全态势预测误差对比分析

通过对比表明,经过矫正的预测模型既能确保预测结果的正确性,还能提高预测的精确度。

5.2.3   基于 SD-GA-BP 的预测方法

本书从模拟结果中计算矫正系数,使用矫正系数优化预测模型,最终构成新型预测方法,其行为风险预测流程如图 5-11 所示。

图 5-11   行为风险预测流程

（1）指标确定

由于涉及企业、岗位不同,其行为风险的影响因素不同,指标体系也会不同。确定指标体系,首先,需要确定所分析的企业或岗位的特点;然后,根据同类事故案例的分析,从中挖掘相关因素;接着,使用文本挖掘从海量信息中提取影响因素,构成主题词云;最后,基于主题词云,构建指标体系,该体系用于后续的行为风险。

(2) 模拟模型

模型以系统动力学(SD)为基础而设计,模型的中因素来自题设的指标体系。模型构建后,设置模拟方案。模拟方案通常是指各参数初始值的不同组合,每种组合代表着一种典型的行为致因。模拟方案中,通常会设置1~2组可以预知结果的方案。通过这些方案的模拟结果,与预知的结果对比,如果一致则表明该模型可靠,可继续进行模拟;如果两种结果差距较大,则需重新调整模型,直至模型正确。

(3) 模拟结果

每个企业情况不同,所对应的模拟结果不同。在实际行为风险预测中,须先根据企业实际情况,选取或设置相应的模拟方案,进而进行模拟。

(4) 矫正系数

矫正系数根据模拟结果而设定,用于矫正行为风险的预测结果。矫正系数计算见公式(5-10)。

$$\lambda = \frac{|s_{end} - s_0|}{s_0} \tag{5-10}$$

式中,λ 为矫正系数;s_{end} 为 SD 仿真最终状态的数据;s_0 为前文 SD 仿真初始状态的数据。

(5) 数据预测

行为数据主要来自职工日常的违章记录,通常从安全信息管理系统或其他台账中获取数据。预测算法使用 GA-BP 算法,该算法既能克服单纯 BP 算法局部收敛的问题,又能降低预测的误差。经过 GA-BP 计算得到初步预测数据,该数据需经过式(5-11)~式(5-12)进一步矫正优化后,可将预测误差降至最低,此结果为最终预测结果。

$$R = [1 + (-1)^{\operatorname{sgn} x}\lambda] f_{GA\text{-}BP}(x) \tag{5-11}$$

$$\operatorname{sgn} x = \begin{cases} 0 & x < \mu \\ 1 & x \geqslant \mu \end{cases} \tag{5-12}$$

式中,R 为行为风险预测结果;x 为风险数据;μ 为均值。

与传统的基于 GA-BP 算法、BP 算法的数据预测方法相比较,本书提出了一种快速、准确预测的方法。通过对同一时段相同类型的风险进行预测,比较预测时间和误差,从而说明了该方法的优势。

图 5-12 对比分析了 BP、GA-BP 和本方法风险预测的误差。这表明:相同情境下,误差是反映预测效果优劣的主要标准。对比发现,所有方法的误差均在 0.012 0 以下,表明三种方法均能在职工行为风险预测方面起到良好作用。细致分析可发现,三种方法的误差从小到大依次是本方法<GA-BP<BP,这反映出本方法在预测精度方面的优越性。

图 5-13 分析了三种方法的预测时间,本方法的预测时间明显低于其他两种方法,这表明本方法虽然通过模拟引入了矫正系数,但并未影响预测算法的收敛时间,反而提高了其运算效率。

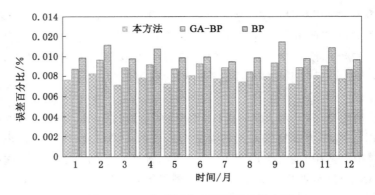

图 5-12　三种不同方法预测误差对比图

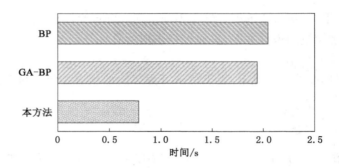

图 5-13　本方法与 BP 和 GA-BP 方法运算时间对比图

5.3　群体安全行为态势预警方法研究

预警方法是构建在群体安全行为态势预测方法优化的基础上,因此,本节将基于 5.2 节所述三种优化方法,结合控制图等分析方法完善群体安全行为态势预警方法。

5.3.1　基于控制图的预警方法

基于控制图(图 5-14),本节将结合 ANFIS 和 SD-GA-BP 预测方法阐述其预警方法。控制图是风险管理、质量管理中的重要统计工具。它通过观察记录数据的波动是否正常来分析判断系统的稳定状况。当系统发生风险时或突然发生意外状况时,系统往往会受到干扰,导致数据表现出不正常的波动。当系统比较稳定时,证明系统并没有受到其他干扰,各项数据平稳。所以,本书借助控制图对风险数量记录观察,当其风险数量突增时,表明发生了不安全事故,影响了正常安全生产。

控制图中有中线、上控制线和下控制线,以及按时间顺序抽取的样本统计量数值和描点曲线。曲线服从正态分布。正态分布是由两个参数分别确定的,即均值 μ 和标准差 σ。若随机变量 x 服从正态分布,则 x 超出 $(\mu-3\sigma, \mu+3\sigma)$ 的概率为 0.27%,约为 3‰。因此,若控制界限选为 $\mu\pm3\sigma$ 时,对超出控制界限的点判断出错的概率仅为 3‰。基于此,将正态分布图沿逆时针方向转动 90°,并将自变量增加沿垂直方向升高,将 μ、$\mu+3\sigma$

和 $\mu\text{-}3\sigma$ 分别标为中线(CL)、上控制线(UCL)和下控制线(LCL),由此获得一幅控制图表,如图 5-14 所示。

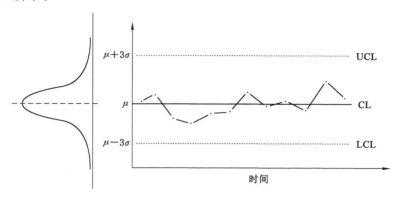

图 5-14 控制图

(1)结合 SD-GA-BP 预测方法
本书将 SD-GA-BP 预测方法与控制图相结合,其流程如图 5-15 所述。

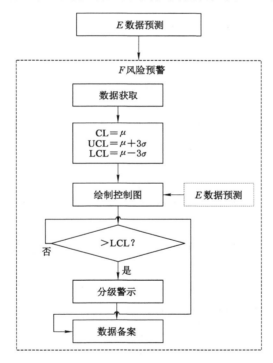

图 5-15 基于控制图的预警流程

计算得到控制线后,将所得实际数据以折线图的形式绘制到控制图中,同时将预测的数据也绘制图中。如果预测数据超过上限(UCL),则发出警报,并同时做好相应记录,进行备案;否则,直接进行数据备案。

图 5-16 为本方法与传统预警方法的误差对比分析。从图中可以发现本方法的预警误

差在 0.010 0 以下,低于传统预警方法。这主要是本方法能根据所分析的数据动态调整控制线,灵活处理预警信息。

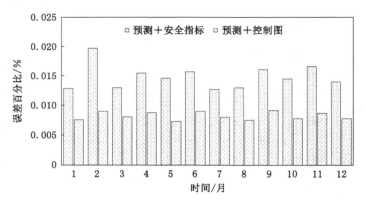

图 5-16　本方法与其他方法预警误差对比图

综上所述,本方法所述预测预警方法在确保预测结果正确的前提下,其效率和可靠性更高;预测结果更贴近实际,预警误差更小,为制定科学有效的安全管理策略提供了依据。

（2）结合 ANFIS 预测方法

由于上控制线是相对固定不变的,在实际应用过程中会出现误报的现象。因此,本书将优化上控制线以降低误报频率,如式(5-13)～式(5-15)所示。

$$\omega = \frac{|D_{\max} - D_{\min}|}{D_{\min}} \tag{5-13}$$

式中,ω 为矫正系数;$D_{\max}$ 为待分析数据的最大值;$D_{\min}$ 为待分析数据的最小值。

$$\mathrm{LCL} = [1 + (-1)^{\operatorname{sgn} d} \omega](\mu + 3\sigma) \tag{5-14}$$

$$\operatorname{sgn} d = \begin{cases} 0 & d < \mu \\ 1 & d \geqslant \mu \end{cases} \tag{5-15}$$

本书以煤矿企业为研究对象,以天为单位,根据预测时间点前三年煤矿的隐患、"三违"风险数量,绘制出控制图的中线、上控制线和下控制线。

图 5-17 为"三违"数据预测及控制图分析,数据预测范围为 2021 年 5 月 19 日至 2021 年 6 月 18 日的"三违"数据。图中既有实际"三违"数量,又有预测的数据。三条虚线显示的为控制图的 UCL、CL 和 LCL。图中表明该时间段内的"三违"处于可控范围内,行为安全处于正常状态。通过对比分析发现,未优化的控制图,在该期间误报了 7 次,而优化的控制图仅误报了 3 次,误差降低了约 57%。

5.3.2　基于 BN-ELM 的预警方法

风险预警是群体安全行为态势评估的关键,也是安全管理决策的前提。当计算某一时刻的某类风险的安全态势时,需要对所有与该风险有关的因素进行计算和累加,并最终得出该风险状态的安全态势值,如式(5-16)所示。

$$S_N(t) = \sum_{i=1}^{M} \lambda_i P_i L_i T_i S_i \tag{5-16}$$

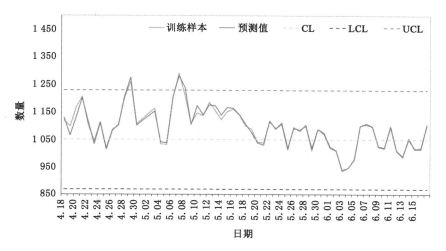

图 5-17　控制图分析结果

式中：$S_N(t)$ 是安全态势评估值；P 为风险可能性；L 为风险等级；T 为时间；S 为风险影响范围；M 为该风险所有可能存在区域的数量；λ_i 为矫正系数。

$$\lambda_i = 1 + (-1)^{sgn(\partial_{L_i})} \partial_{L_i} \tag{5-17}$$

式中，$\partial_{L_i} = (L_{end_i} - L_{0_i})/L_{0_i}$；$L_{end_i}$ 是最终的风险等级；L_{0_i} 是最初的风险等级；$sgn\ \partial_{L_i} = \begin{cases} 0 & \partial_{L_i} < \mu \\ 1 & \partial_{L_i} \geqslant \mu \end{cases}$，$\mu$ 为均值。

　　对于总体安全形势，各评价维度的影响都必须加以考虑。煤矿总体安全态势的评估值计算方法如下：

$$S(t) = \sum_{i=1}^{N} S_i(t) W_i \tag{5-18}$$

式中，$S(t)$ 是整体安全态势评估值；N 为主要风险的数量；W_i 为根据煤矿实际情况，与专家的经验为各项风险设定的权重。

　　根据式（5-16）～式（5-18），获得该企业安全态势值，如图 5-18 所示。

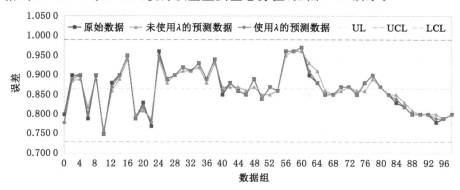

图 5-18　煤矿瓦斯安全态势

图 5-18 表明,矫正后的预测结果与原始数据更接近。从图中可以看出,安全态势值均未超过控制图的上限,表明计算样本在一定时间内出现事故的概率较低,无需预警。

5.4 群体安全行为态势预警平台研究

基于控制图和预测方法的群体安全行为态势预警平台在管理过程中将风险、隐患、事故三大子系统进行标准化管理,变原有独立式管理为一体化管理,变原有粗放式管理为精细化、准确化管理。为此,本书设计开发了群体安全行为态势的精准管控系统,包括 APP 端和可视化大屏端。

该系统是基于安卓开发技术、JAVA 技术、物联网等技术进行设计的安全管理信息系统。应用层面分为 APP 端和可视化大屏端两个部分。总体设计架构主要采用三层式设计,即客户端操作界面管理层、业务流程逻辑管理层和终端数据信息来源管理层,如图 5-19 所示。

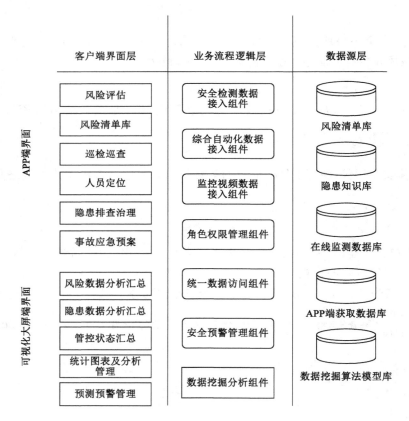

图 5-19 精准管控系统三层体系结构

采用大数据分析方法,筛选并分类统计行为数据;计算控制图的控制上限(UCL)、中线(CL)和控制下限(LCL);通过新算法的模拟结果预测,矫正控制图的控制线;运用预测算法和控制图,动态预测群体安全行为的发展趋势,如超过 UCL 则靶向预警;建设预警数据库,设计开发配套的煤矿职工群体安全行为预警平台(Web 版和 APP 版),其数据处理流程如

图 5-20 所示。

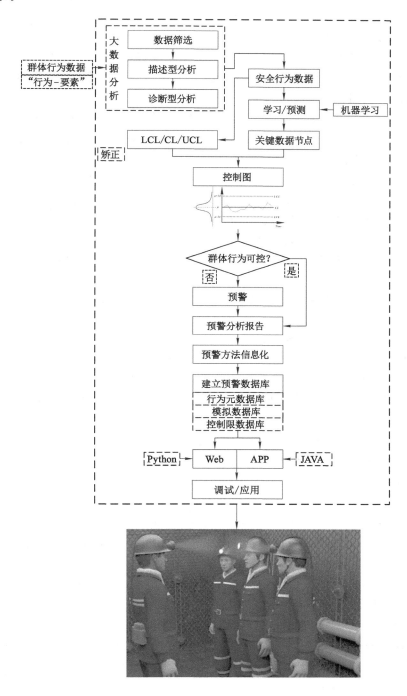

图 5-20 预警平台数据处理流程

首先,根据分析条件,运用大数据分析方法筛选符合条件的群体行为数据。对筛选的行为数据进行描述性分析,从数据中分析出群体及成员发生了什么行为;通过评估描述型数据,诊断分析产生行为的诱因,并将这些诱因作为重点分析对象;依据行为数据,计算控制图的 LCL、CL、UCL,并借助机器学习模块,预测群体行为数据。

然后,使用煤矿职工群体行为模拟预测的结果矫正控制图的 LCL、CL、UCL。构建预测模型,将预测的关键数据节点、LCL、CL、UCL 等绘制在控制图中。如果分析结果表明群体行为将来可能处于不可控状态,则记录关键节点,靶向预警。随着行为数据的实时更新,数据分析及控制图分析将会同步进行,从而实现动态预警。

最后,建立行为元数据库、模拟数据库、控制线数据库;根据大数据及机器学习算法的特点,使用 Python、Java、C++ 等程序,设计开发煤矿职工群体安全行为动态预警平台(Web 和 APP);反复测试优化,完善数据库和平台。

综上所述,在整个群体行为风险管控过程中,需要传输和处理大量信息,并且更加注重时效性。基于群体安全行为态势预测预警技术及方法,设计开发相关平台可以充分发挥智能化分析的优势,灵活、方便、实时地开展群体行为管控与预警工作。

根据群体安全行为态势预测预警技术和方法的实现流程和需求分析,本书将该平台分为数据采集、安全态势模拟、安全态势预测、安全态势预警、安全教育培训、控制对策及系统管理等模块。

该平台功能齐全,本节重点介绍预测预警相关的数据分析模块。

（1）数据库设计

系统平台使用 MySQL 作为数据库,这是一个高性能且相对简单的数据库系统,与一些更大的系统相比,它的设置和管理不那么复杂。MySQL 可以通过多种界面交互访问,用于输入查询和查看结果:命令行客户端程序、Web 浏览器或 Window System 客户端程序。软件平台使用"选择""更新""插入"和"删除"等接口访问 MySQL 数据库。保存和检索风险数据的操作命令。

为了更好地分析和应用该平台,设计了一个基于分层模型的群体安全行为态势预测预警平台,并使用 MySQL 建立了煤矿风险控制数据库,具体代码如下:

```
Class. forName("com. mysql. jdbc. Driver");
Connection
conn＝DriverManager. getConnection("jdbc:mysql://127. 0. 0. 1:3306/mine?
useUnicode＝true&amp;characterEncoding＝utf-8", "root", "root");
Statement st＝conn. createStatement();
ResultSet rs＝st. executeQuery("select ＊ from t_s_user_view");
```

（2）主要功能设计

① APP。登录 APP,输入用户名、密码等信息(图 5-20)。软件通过 DBUtil 中的函数"selectADPwd(sname)"来完成用户名、密码、单位和权限的验证。主页(图 5-21)在"TableLayout"中嵌套使用"LinearLayout"来完成布局。其中,登录验证主要代码如下:

```
login. setOnClickListener(
……
DBUtil d1＝new DBUtil();
String ppwd＝d1. selectADPwd(sname);
  if(spwd. equals(ppwd)){
```

```
permitted＝new DBUtil(). CheckPermitted(sname);
goToMainMenu();}
……}
```

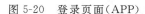

图 5-20　登录页面(APP)

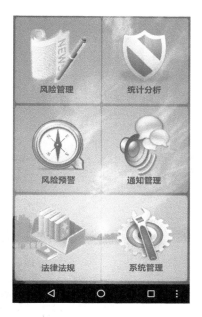

图 5-21　主页(APP)

预警信息,会以"重大风险"预警发送给安监部门的主要领导。风险预警信息会在风险预警模块中集中显示,风险信息会根据等级呈现为不同颜色。信息列表显示日期、班次、风险等级和风险内容,所有风险信息分页显示,上滑会刷新更多内容。

"风险预警"模块中还包括"事故风险预测"。该功能以控制图的形式在安卓终端显示风险数据预测情况,如图 5-22 所示。选择预测日期后,系统自动把控制图的 CL、UCL、LCL 等数据的预测结果反馈给 APP。APP 使用类"LineChartView"绘制控制图。图 5-22 中显示了 CL、UCL、LCL、真实数据和预测数据,并给出了简要的预测分析结果。

② 可视化大屏。通过搭建基于 ECharts 的可视化系统,整合了二维空间数据和三维模型数据,并采用柱状图、词云图、热力图、三维柱状图和折线图等方式对大数据分析计算结果进行显示。其结果更加直观、立体、易懂,并对发现群体行为的隐患规律有很大的帮助,其中隐患分析可视化界面如图 5-23 所示。

分析页面显示包括检查情况、饼状图分析、数量变化趋势图、地点词云图等统计分析的可视化内容。可视化大屏分析页面默认显示当前企业所有部门,通过分析可视化页面,可以直观、全面地掌握企业的安全管理情况。

数据挖掘分析可视化页面(图 5-24)包括:数据来源统计分析、安全态势预测、主题分析可视化、信息复杂网络分析、数据结果展示等内容。基于精准管控系统通过安全态势模型对风险概率和安全态势值进行计算,并以折线图的形式进行展示。主题分析模块显示了当前信息中的主题。数据结果展示模块利用 AI 技术,无须人工编辑,可将数据挖掘的结果自动生成图像。数据挖掘分析页面为企业的管理决策提供依据和数据支持,也为安全生产提供预警。

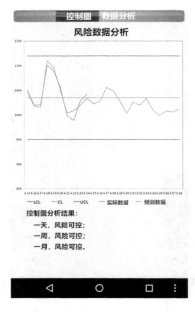

图 5-22　控制图分析（APP）

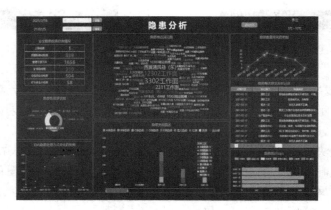

图 5-23　隐患可视化大屏

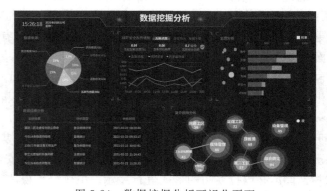

图 5-24　数据挖掘分析可视化页面

6　群体安全行为态势控制对策研究

6.1　安全态势控制措施分析

6.1.1　控制对策组织架构

通过对群体安全行为态势进行模拟,并根据模拟结果和规律,制定相应的控制对策。从前文可以看出,影响群体安全行为态势发展的因素很多,因而,针对其采取的控制对策也是多种多样的。本书对有关的控制对策进行了梳理,在此基础上,设计了相应的控制策略库和管理体系。利用大数据分析的方法,可以使系统的决策更优。

在群体安全行为态势模拟的基础上,建立"1+2+4+X"群体安全行为控制对策体系,其基本结构为:"1"指的是包括对策体系组织架构及总则方案;"2"指的是各对策的相互运作机制及体制(即具体操作程序、保障措施);"4"指的是"EAP体系""组织管理""安全文化""安全技术"这四个维度的具体干预措施;"X"指具体实施方案。在具体方案实施过程中,应根据具体工程实际特殊要求进行优化和调整,附件为其他可能需要附加的保障支持或物品。如图 6-1 所示为"1+2+4+X"对策体系结构图。

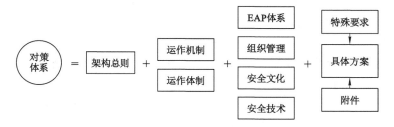

图 6-1　"1+2+4+X"对策体系结构图

群体安全行为态势对策体系的架构总则主要内容为制定对策体系的指导性文件,说明其编制的目的和作用,以及所依据的法律法规,安全生产规章制度和企业管理规定技术规范标准等。明确群体安全行为管理负责部门,行为态势控制对策体系各项工作所涉及的参与单位、部门和人员,确定各单位部门、人员的具体分工及具体任务。

群体安全行为态势控制体系运作机制从 EAP 体系、组织管理、安全文化、安全技术四个模块出发,以各项决策措施在时间序列上的有序开展为时序基础,并根据具体实际情况,开展特殊要求调研及研究,提出具体实施方案,为体系运作需要的物质保障和其他需求做好充分准备。

6.1.2 控制对策具体内容

根据上文对群体安全行为态势模拟方法及案例的分析,结合群体安全行为态势预警方法,本书从安全管理、个体不安全行为、群体不安全行为、安全领导和物态环境等 5 方面入手,论述对策体系中的具体方案。

6.1.2.1 安全管理

(1)加强安全教育和培训。安全教育培训主要有安全思想培训、安全技能培训、事故案例教育、安全管理教育等。"三级"安全教育、特种作业人员安全教育和"五新"作业安全教育,是企业安全教育的重要内容。企业各有关部门要结合自己的实际情况,建立科学、系统、有效的安全教育与评估制度。

(2)健全安全激励制度。安全激励是对员工不安全行为进行预控的一种有效方法。因此,企业要加强安全工作的评价机制,制定公正且合理的奖惩制度。此外,企业还应该将物质激励和精神激励结合起来。物质激励是指用工资、奖金及福利等物质性资源调动员工的工作积极性,这种方式可能会在较短的时间内取得较好的效果,但是对物质基础较好的员工作用不大,且所需的物质成本也较高;精神激励是指以荣誉、职称、团队友谊、个人价值实现等社会情感资源来调动员工的工作积极性,这种激励机制对员工的安全行为可产生较长远的影响,并且成本较低。如果将两种激励机制相结合,即将物质激励与精神激励相结合,可以充分调动职工的安全积极性,减少不安全行为的发生。

(3)完善企业的安全行为管理体系。管理者应该根据企业员工的实际需求,制定企业职工不安全行为管理手册、不安全行为评价标准、安全奖惩管理条例等相关的规章制度及操作规范。针对不同的工作强度和工作内容,制定一套科学的奖惩及休假制度,以此来激励企业职工。企业要建立一个公平、公正的竞争和选拔制度,最大限度地调动企业职工的积极性,引导他们主动地选择自己的安全行为。

(4)加强企业安全文化建设。针对现有的安全管理体系所存在的问题,加强安全文化中关键要素的建设,从提高企业职工的安全意识、参与度和信息交流等方面着手,增强员工安全意识,加强各级管理层的安全领导。

(5)强化安全监管。结合企业的安全生产现状,制定合理的安全检查方案和安全检查周期,并按进度组织实施专项检查和全面检查。

(6)加强对安全投入。从安全经济角度出发,结合安全生产的实际情况,对安全投入进行优化,在机械设备和技术革新的同时,加强安全文化建设、安全教育培训、安全检查和宣传教育等方面的投入。

6.1.2.2 个体不安全行为

(1)职工入职资格管理。一方面,职工的不安全行为主要是由个人的心理、生理等因素引起的;另一方面,现有的生产技术水平和设备水平较高,需要综合素质较高的职工相匹配。因此,要制定合理的职工准入管理规范,做到职工与岗位相匹配,选择符合要求的人员从事相关岗位工作。

(2)合理管控职工的不安全行为。其重点在于对职工不安全行为进行预警,以达到管控不安全行为的目的。首先,对员工的不安全行为进行识别、统计分析、归类,并依据其可能引起的危险程度,将其分为不同的危险级别,并依据危险程度,制定相应的控制对策。

（3）强化工作的标准化管理。职工工作标准化的目的是让作业更加安全、准确、高效、省力,而安全工作标准化则突出人与机的本质安全。

6.1.2.3　群体不安全行为

（1）提高群体安全氛围。企业要从安全文化、安全教育、安全宣传等方面建立起一种安全氛围,形成一种良性的集体安全环境,从而有效地减少员工的不安全行为。

（2）完善群体安全管理的规范。首先,在群体准则中引入作业标准化的理念,使群体内部准则能更好地起到导向和制约的作用。其次,充分利用规章制度、操作规范、行为规范等对集体规范起到积极的引导作用,促使群体形成一种良好的群体安全规范,进而提高员工的安全意识,规范员工行为。此外,在安全文化建设、群体沟通等方面,加强员工安全意识,并以典型事故案例对员工进行安全教育,减少不安全行为的发生。

（3）强化团队交流。企业要创造一个良好的交流氛围,降低因制度而产生的交流壁垒,拓展交流渠道,建立合理的交流网络。通过员工建议、投诉、满意度调查等,提升职工的满意度与忠诚度。通过下达指标、明确安全目标等下行交流,提高员工的工作责任心;通过同级横向沟通、不同级斜向沟通等方式,减少沟通的距离,提高沟通的效率。

（4）优化团队的组织结构。企业职工的不安全行为受群体规模和群体组成的影响,同时还受职工的年龄、性别、个性、专业和技能等个体因素的影响,所以要全面考虑,以优化组织结构,从而提高安全生产的效益。

6.1.2.4　安全领导

（1）加强职工安全管理。对员工进行合理的安全激励,鼓励员工,谨慎使用惩罚措施;及时向上下级汇报情况,建立起良好的上下级关系,降低工作中的相互干扰影响;加强与员工的沟通,增进彼此的信任。

（2）强化安全管理及指导。领导者在行使权力的时候,必须遵守法律法规,不能滥用权力。其次,安全领导人员要以身作则,做到公平公正,对员工进行耐心的教育指导,确保员工在任何时候都能保持安全行为。同时,安全管理人员应加强自己的安全意识,注意人际关系的影响,加强自己的能力、知识水平和道德修养。

6.1.2.5　物态环境

（1）强化风险管控。强化危险因素的识别和管理,对职工在操作中可能出现的各种危险因素进行识别,并依据辨识结果进行风险评价,制订相应的管理措施和规范,消除隐患。

（2）优化工作环境。良好的工作环境有利于降低员工的不安全行为。因此,要加强员工的工作环境管理,从矿井粉尘、有毒气体、照明和空间等方面进行改进。企业可以依据6S管理（整理、整顿、清扫、清洁、素养、安全）的方式进行。

（3）提高人机匹配。引进先进设备,提升机械化程度,大力推动“机械化换人、机器人作业、自动化减人”。制定定期维护保养方案,安排人员对设备进行检查。基于安全人机、可靠性等基本原理,避免员工操作不当等不安全行为的发生,以达到人机协调。

6.1.3　控制对策实施保障

本书提出的群体安全行为态势控制对策具有普遍指导意义,但是,对于特定的企业或对象,在执行对策时,必须考虑到企业安全工作的现实条件,以及企业的组织结构、人力、物力、财力等因素。并针对不同的致因或者岗位特点,制定具有针对性的实施方案。

研究表明,群体行为的演化是复杂的、长久的,很难在较短的时间内完全改变。因此,其控制对策也需从长计议。仅靠单一的技术或经营管理手段难以达到预期的效果,必须动员有关部门,调动相关资源,形成多重纵深的防御网,并运用多种防治措施,进行综合干预,以达到预期的控制效果。根据目前国内群体安全行为管控的实际状况,提出群体安全行为态势控制对策的一般实施步骤,如图 6-2 所示。

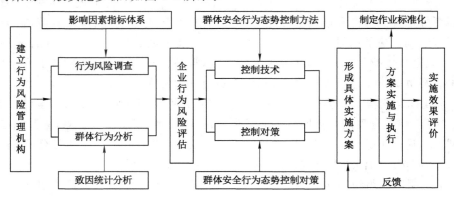

图 6-2　控制对策实施步骤

(1) 建立行为风险管理机构。群体安全行为态势管控的实施与运作,涉及企业技术、管理、文化、保障等多方面,因此,企业必须在内部建立起相应的管理机制,以控制不安全因素。企业要结合自己的具体情况,合理地选择和设计相应的组织结构,形成覆盖各层次、专兼职的人才队伍。

(2) 企业行为风险评估。全面、科学地评估本单位各种安全隐患,是今后制订安全生产计划的重要依据。该流程要求对照本书所建议的风险致因因素指标体系,通过一定的技术手段对致因因素之间的内在关系进行分析。

(3) 形成具体实施方案。根据企业实际的安全工作,结合本书提出的群体行为风险管控策略,有选择、有重点地采取技术、教育、管理等相互融合、有机协调的纵深防御策略,针对不同的防范策略,形成不同的组合策略,进行联合介入,形成多层防护、有机互补的风险防范体系,提高实施方案的可信度。如果一个环节或层次失效,可以通过其他的层次加以修正。

(4) 方案的实施和执行。整合各部门的有效资源,注重各部门之间的协调和合作,提升执行力,保障方案的有效实施。具有可操作性的系列标准化制度是确保方案实施和执行的关键,也是对实施过程中成功经验的积累,并以此来巩固方案的执行,通过反复循环地实施效果的评估,逐步完善制度的标准化和规范化。

(5) 实施效果评价与反馈。实施方案执行一段时间后,需要对实施效果进行评价,将评价结果反馈到实施机构,对反馈信息进行讨论和分析,对未实现目标的部分措施进行反思,尤其是深入地剖析风险评估环节中无法识别的原因,建立一套行之有效的反馈机制。该反馈体系应包含日常的数据采集与反馈,并包含深层的信息回馈,以寻求适当、合理的纠错方式,不断改善与完善该方案。煤矿井下的不安全因素涉及多个方面,可以利用系统工程的理念来进行处理,在计划实施前需要制定多种不同情况下的预防方案,并在方案实施过程中进行科学的管理。

6.2 控制措施优选技术研究

6.2.1 控制措施优选方法

本书基于群体安全行为模拟方法,结合大数据分析,从而设计控制措施优选方法。由于群体安全行为的演化过程是不确定的,且其变化是多样的,因此,应对各类不安全行为进行有效干预,并采取多种控制措施。由于应对措施的规模和类型的多样性,选择的方法是非常关键的。控制对策优选流程如图 6-3 所示。

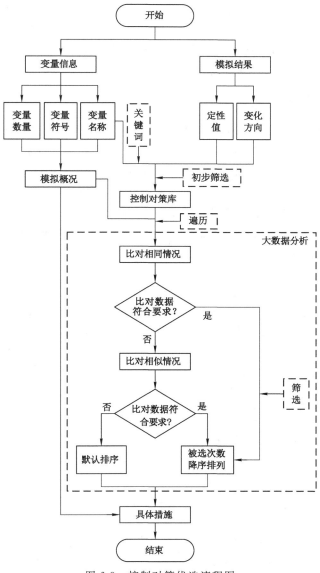

图 6-3 控制对策优选流程图

在进行控制策略分析时,首先要对群体安全行为的模拟仿真结果进行分析,通过设定模拟方案和变量,分析变量的数量、关键词、变量的初始化数值,从模拟结果中抽取出各变量的定性值和最终状态的变化趋势,并将检索到的关键字和其他相关的信息进行合并,剔除重复的内容。然后将关键词、定性值和变化趋势等信息作为问题的查询条件,并与控制策略库中的具体措施相结合,从而筛选出相应的控制策略。当群体凝聚力、群体安全行为等因素的定性值为3(一般),方向→(不变)时,将凝聚力、安全行为作为关键词,并以(3,→)作为条件查询控制策略。

运用以上方法,可以初步筛选出满足模拟要求的不安全行为控制策略,但筛选结果并不是都适用于上述模拟,因此需要运用大数据分析来进行控制策略的筛选。首先,在相同的模拟条件下,根据控制策略的分析和选择,筛选出满足条件的控制策略,在没有相似的模拟条件下,将相似的控制策略进行比较。然后,根据各对策的选取顺序,选取排名在前10%的对策作为最佳决策,以供管理者决策时参考。最后,针对群体安全行为的模拟和控制策略进行分析,并根据实际情况改变策略最优的比例。本书通过对多次群体安全行为的定性模拟和控制对策的分析,得出了排名在前10%的控制策略是最优策略的最优比例。

6.2.2 控制对策管理系统

模拟的终极目标是控制策略分析,根据模型信息、方案(初值)、模拟结果等信息,从对策库中远程获得相应的控制策略,控制对策分析如图6-4所示。由于控制策略分析基于模拟信息,所以必须将有关信息显示在真实的平均值和定性值的百分比区域,并据此显示模拟概况。通过远程链接策略库(192.168.121.108:1228),读取有效的控制策略。图6-4所示的控制策略区与前6个控制策略有关,其他信息可以通过拖拽滚动条来显示。

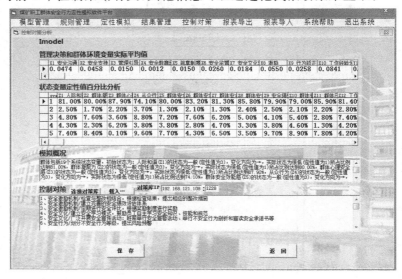

图 6-4 控制对策分析

从群体安全行为控制对策管理系统数据处理流程(图6-5)可知,获得控制措施必须依赖于群体安全行为控制策略管理系统,其优秀的数据处理能力是软件平台进行分析和制定控制策略的保障。本系统采用 ASP、JavaScript 等技术进行开发,并采用 SQL Server 作为后台数据库,在远程服务器中进行配置。本系统可以作为一个软件平台的子系统,进行控制策略的管理与优化,也可以作为一个独立的应用程序来实现对群体的安全行为进行监控。图 6-5 显示了该系统的数据处理过程,并且在群体安全行为控制对策管理系统主页(图 6-6)中显示了该系统的详细信息。

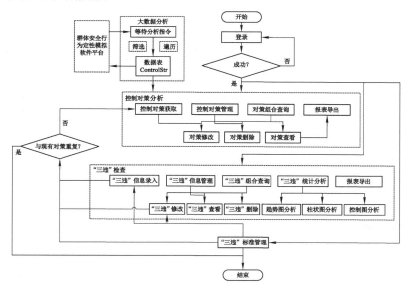

图 6-5　群体安全行为控制对策管理系统数据处理流程

图 6-6　群体安全行为控制对策管理系统主页

图 6-5 显示,控制对策分析模块是控制对策管理系统最重要的组成部分,它包含了控制对策获取、控制对策信息管理、对策组合查询、报表输出等功能。其数据主要来自用户的更

新,以及从"三违"检查、"三违"标准等数据库的自动抽取。此外,在系统的后台还设置了一个数据分析界面,可以将应对策略库与群体安全行为的仿真模拟软件平台相连接。

由于本系统是以群体安全行为控制对策库为核心,所以在群体安全行为控制对策管理系统主页上(图6-6)处有常用控制对策、"三违"检查模块、教育培训视频等相关信息。其中,常用的控制策略列表是利用大数据分析的方法,根据用户的使用习惯和权限,对其进行分析。因为使用的是系统管理员账号,所以这个列表显示的是最常见的控制策略。若用各区的操作人员账号登录,则显示的为本区队的最常用的控制对策;若用职工的个人权限登录本系统,则会显示员工使用最多的应用对策。

软件平台的控制对策模块主要由三大部分组成,即模拟概况汇总、发送数据请求和接收控制对策。与之相匹配的群体安全行为控制策略管理系统,主要接收控制策略的访问请求,并根据相应的数据需求,选择合适的控制策略。

6.3 控制对策库研究

6.3.1 控制对策库数据处理

在控制对策措施分析的基础上,本书结合控制对策库数据处理的需求,对控制措施进行凝练,分类分条目分别导入控制对策库中。凝练后的控制对策库如表6-1所示。

表6-1 控制对策库

分类	控制对策	详细措施
安全管理	安全教育与培训	安全技能培训、安全知识教育、安全应急能力培训、安全态度教育
		建立培训平台,如在线培训系统,制定符合企业情况的培训计划,丰富完善培训内容
		开展班组危险预知活动
		安全知识和技能考核
	加强安全监督检查	领导带组检查
		参考BBS、杜邦STOP等行为管理方法,制定科学有效的监督检查方法
		根据实际情况,制定合理的安全检查周期
		检查与整改相结合,根据检查结果,提出相应的整改措施
	安全激励机制	建立公平合理的奖惩制度
		建立完善的安全绩效评估体系
		定期进行安全评比,根据奖励制度进行奖励
	安全文化	建立安全信息传播和沟通程序
		建立安全学习模式,鼓励员工自主学习安全知识、技能和规范
		建立诚信评估标准和安全诚信档案,实施分类动态管理
		广泛开展安全宣传活动:班前举行安全宣誓活动、举行不安全行为剖析和宣读安全承诺书等
	健全安全行为管理制度	包括完善安全生产责任制,建立不安全行为管理手册,制定不安全行为分析考核评分标准,健全违章员工处罚及违章员工培训管理条例等
	加大安全投入	优化安全投入结构,合理地对机械设备、安全技术、宣传教育等进行投入
	职工资格准入管理	严格要求职工的心理和身体素质过硬

表6-1(续)

分类	控制对策	详细措施
个体方面	职工不安全行为管控	对职工不安全行为进行分类、辨识
		划分不安全行为等级,提出风险预警
		对不安全行为进行后期复查
		提高职工安全操作技能
	作业标准化管理	建立现场作业标准化管理流程
		进行精细化管理,细分各级责任
		实现管理制度化、制度流程化、流程表单化
		对作业标准化执行情况进行监督、考核
物态环境	加强风险管控	加强危险源识别与管理工作,对职工作业过程中可能遇到的危险源进行辨识,根据辨识结果对风险进行评估,拟定、实施相关管理措施
	优化作业环境	采用6S管理方法对现场环境进行管理
		按照《安全标志及其使用导则》(GB 2894—2008)设置
		改善工作场所照明,控制和降低噪声、温湿度的影响
	提高人机匹配	人机匹配设计
		冗余系统如两人操作、人机并行等
		引进先进设备,提高机械化水平,积极推进"机械化换人、机器人作业、自动化减人"
		制定定期检修计划,派专人定期检查维修设备,检修时挂牌上锁
群体方面	提高群体安全氛围	通过建立群体安全目标、完善群体安全规范、组织安全培训教育等手段来创立良好的群体安全氛围
	群体规范	将作业标准化思想引入群体规范之中,充分发挥群体内规范的引导约束作用
		通过上行沟通方式提高群体成员的安全满意度和忠诚度
	加强群体沟通	通过下行沟通方式增强职工的责任感
		通过横向沟通、斜向沟通,缩短沟通距离,提高沟通效率
	合理利用群体压力	利用群体压力对个体不安全行为的纠正和抑制作用,建立良好的安全文化
	优化群体结构	通过职工准入管理等方式,对群体成员的性别、年龄、个性、专业、技能等进行一定的控制,最终实现群体结构的优化
安全领导	提高安全管理	对职工进行合理的安全激励,及时与上下级进行信息反馈,加强与职工沟通交流
	加强安全控制和指导	正确使用职权性影响力和非职权性影响力,主动学习、掌握法规标准和安全科学管理方法,认真研究事故发生规律

6.3.2 控制对策库管理系统

6.3.2.1 整体需求分析

基于前文的研究分析,本书提出了一种基于群体安全行为的控制对策库管理系统。该系统的主要目标是观察和记录企业职工的不安全行为,统计和分析系统记录的相关数据,并对职工的不安全行为进行预警和预控制;检查企业存在的隐患,对发现的隐患及时进行风险预警和处理,消除造成员工不安全行为的外在条件;通过视频学习、业务考核等方式,增强职工的安全意识。

6.3.2.2 功能需求分析

群体安全行为的控制对策库管理系统按需求划分主要包括六大部分,即信息发布、行为管理、隐患管理、教育培训、对策建议、系统管理。其功能结构如图6-7所示。

(1)信息发布

其作用是发布相关的行为安全管理信息。

具体功能包括:观察计划,录入、分类、查询、修改、删除管理标准,奖惩通报,工作汇报,发布通知指令等。

使用者权限界定:安检人员具有信息查询、信息录入权限;安监处信息管理人员具有查询、修改、审核、删除权限。

(2)行为管理

其作用是管理不安全行为,进行记录和预警。

具体功能包括:不安全行为记录的录入、分类、查询、修改、删除,对不安全行为进行预警,数据的统计分析,生成观察报告。

使用者权限界定:安检人员具有信息查询、录入权限;安监处信息管理人员具有查询、修改、审核、删除权限。

(3)隐患管理

其作用是实现隐患记录和预警。

具体功能包括:隐患的录入、分类、查询、修改、删除、排查,对风险进行预警,隐患整改与复查的信息管理。

使用者权限界定:安检人员具有信息查询、录入权限;安监处信息管理人员具有查询、修改、审核、删除权限。

(4)教育培训

其作用是实现职工的在线学习和在线考核。

具体功能包括:规章制度、事故案例的录入、分类、查询、修改、删除,视频、PPT等在线播放以及安全知识的考核功能。

使用者权限界定:安检人员具有信息查询、录入权限;安监处信息管理人员具有查询、修改、审核、删除权限。

(5)对策建议

其作用是管理相关的对策建议。

具体功能包括:对策建议的录入、分类、查询、修改、删除。

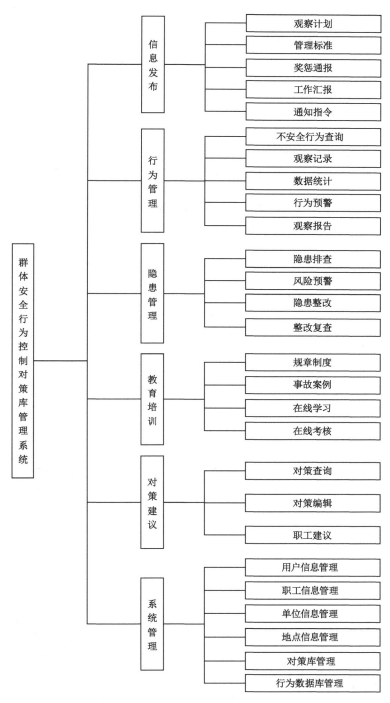

图 6-7　功能结构图

使用者权限界定：安检人员具有信息查询、信息录入的权限；安监处信息管理人员具有查询、修改、审核、删除权限。

（6）系统管理

其作用是实现基础数据的维护与管理。

具体功能主要包括：数据字典管理、地点管理、权限管理等。

使用者权限界定：各部门具有下载权限；安监处管理人员具有查询、修改、上传、发布、删除权限。

6.3.2.3 数据库逻辑结构设计

本系统所涉及的主要数据库有：不安全行为数据库（表 6-2）、对策数据库（表 6-3）、隐患数据库（表 6-4）等。本书列出这三个数据库的主要表格设计，其他表格设计不再列举。

表 6-2　不安全行为数据库

序号	列名	数据类型	长度	标识	主键	允许空
1	ino	int	4	是	是	否
2	unsafety	varchar	50	否	否	否
3	cateid	int	4	否	否	是
4	dutytype	varchar	20	否	否	是
5	problem	int	4	否	否	是
6	rank	varchar	50	否	否	是
7	place	nvarchar	500	否	否	是
8	[content]	nvarchar	500	否	否	是
9	control	nvarchar	500	否	否	是
10	deadline	datetime	8	否	否	是
11	finepeople	nvarchar	50	否	否	否
12	dutypeople	nvarchar	50	否	否	是
13	checkpeople	nvarchar	50	否	否	否
14	development	nvarchar	500	否	否	是
15	findtime	datetime	8	否	否	是
16	checkunit	int	4	否	否	是
17	unit	int	4	否	否	是
18	other	nvarchar	2 000	否	否	是
19	crpeople	nvarchar	50	否	否	是
20	crcontent	nvarchar	500	否	否	是
21	crtime	datetime	8	否	否	是
22	crbool	bit	1	否	否	是
23	money	money	8	否	否	否
24	delayMoney	money	8	否	否	是
25	[confirm]	bit	1	否	否	否

表6-2（续）

序号	列名	数据类型	长度	标识	主键	允许空
26	vpeople	nvarchar	50	否	否	是
27	vcontent	nvarchar	500	否	否	是
28	vtime	datetime	8	否	否	是
29	vbool	bit	1	否	否	是
30	additional	varchar	200	否	否	是
31	ReFineCount	smallint	2	否	否	否
32	inputUser	varchar	50	否	否	是
33	spec_num	tinyint	1	否	否	否
34	IsSendSMS	bit	1	否	否	否
35	IsDeleted	bit	1	否	否	否
36	creatime	datetime	8	否	否	是
37	pic	varchar	500	否	否	是
38	rec	bit	1	否	否	是
39	auto	bit	1	否	否	是
40	sxbool	int	4	否	否	是
41	sjxj	int	4	否	否	是
42	sjcg	int	4	否	否	是
43	sjjl	money	8	否	否	是
44	panduan	bit	1	否	否	是

表 6-3　对策数据库

序号	列名	数据类型	长度	标识	主键	允许空
1	ino	int	4	是	是	否
2	［contet］	varchar	2 000	否	否	是
3	rank	varchar	50	否	否	是
4	cateid	int	4	否	否	否
5	sortnum	int	4	否	否	否
6	IsDeleted	bit	1	否	否	否

表 6-4　隐患数据库

序号	列名	数据类型	长度	标识	主键	允许空
1	ino	int	4	是	是	否
2	hide	varchar	50	否	否	否
3	cateid	int	4	否	否	是
4	dutytype	varchar	20	否	否	是
5	problem	int	4	否	否	是

表6-4(续)

序号	列名	数据类型	长度	标识	主键	允许空
6	rank	varchar	50	否	否	是
7	place	nvarchar	500	否	否	是
8	〔content〕	nvarchar	500	否	否	是
9	control	nvarchar	500	否	否	是
10	deadline	datetime	8	否	否	是
11	finepeople	nvarchar	50	否	否	否
12	dutypeople	nvarchar	50	否	否	是
13	checkpeople	nvarchar	50	否	否	否
14	development	nvarchar	500	否	否	是
15	findtime	datetime	8	否	否	是
16	checkunit	int	4	否	否	是
17	unit	int	4	否	否	是
18	other	nvarchar	2 000	否	否	是
19	crpeople	nvarchar	50	否	否	是
20	crcontent	nvarchar	500	否	否	是
21	crtime	datetime	8	否	否	是
22	crbool	bit	1	否	否	是
23	money	money	8	否	否	否
24	delayMoney	money	8	否	否	是
25	〔confirm〕	bit	1	否	否	否
26	vpeople	nvarchar	50	否	否	是
27	vcontent	nvarchar	500	否	否	是
28	vtime	datetime	8	否	否	是
29	vbool	bit	1	否	否	是
30	additional	varchar	200	否	否	是
31	ReFineCount	smallint	2	否	否	否
32	inputUser	Varchar	50	否	否	是
33	spec_num	tinyint	1	否	否	否
34	IsSendSMS	bit	1	否	否	否
35	IsDeleted	bit	1	否	否	否
36	creatime	datetime	8	否	否	是
37	pic	varchar	500	否	否	是
38	rec	bit	1	否	否	是
39	auto	bit	1	否	否	是
40	sxbool	int	4	否	否	是
41	sjxj	int	4	否	否	是
42	sjcg	int	4	否	否	是
43	sjjl	money	8	否	否	是
44	panduan	bit	1	否	否	是

6.3.2.4 管理系统的总体设计

该系统的开发采用了模块化的编程方式,各个模块彼此独立,并可以通过调用关系等方式相互联系。

（1）用户登录

用户可以通过浏览器进入管理系统主页（图 6-8）。该主页的左上方为用户登录模块,用户可以输入账号和密码进行登录;如果是新用户,需要先完成用户注册。

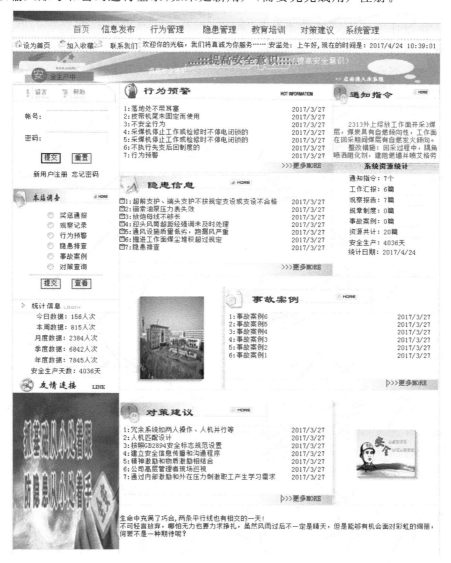

图 6-8　管理系统主页

针对不同的用户,该系统设定了相应的操作权限。例如,安全管理员可以发布和处理安全指令,并且负责数据更新、维护、报告编制和输出;系统管理员主要负责系统的管理,包括系统用户的管理、备份、恢复等。

（2）系统主页

本系统设计了信息发布、行为管理、隐患管理、教育培训、对策建议、系统管理等六大功能模块，如图 6-8 管理系统主页所示。点击主页上的不同名称即可进入相应的功能页面。

在系统首页的左边，除用户登录外，还设置了网站调查、统计信息等功能。网站查询实现了奖惩通报、观察记录、行为预警、隐患排查、事故案例、对策建议等功能。统计显示了不同时期的不安全行为，比如当天、每周、每月；点击"more"可以看到更多的细节，比如还可以查看不安全行为的趋势，如图 6-9 所示。

页面中部设计了行为预警、隐患信息、事故案例和对策建议四部分，点击"more"按钮或其中的某条信息就可进入相应的功能页面查看具体信息。

在系统主页的右边，还设计了通知、资源统计等功能。该通知指示实时地展示了相关安全领导和安全管理者发出的指示（图 6-10）。系统资源统计主要是关于通知、汇报、观察报告等基础数据的统计。

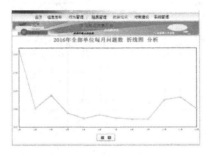

图 6-9　不安全行为数据统计折线图

图 6-10　通知指令

（3）行为观察

以 STOP 的行为管理模式为基础，设计了该功能模块，实现安全行为管理信息化。通过此模块，可以查询不安全行为，观察信息记录和报告，预警不安全行为等。

根据 STOP 观察卡，本系统设计了一个功能页，即行为观察记录和观察报告。在图 6-11 中，观测记录内容主要包含检查时间、单位、地点、检查人和被观察人的不安全行为。观察报告的设计网页（图 6-12）是观察人员在真实的环境中完成的，包含了观察的安全行为、鼓励继续安全行为所采取的行为、观察的不安全行为、立即纠正的行为、预防再次发生的行为，以及观察人员的签名、区域部门、日期等信息。

根据不同的观察结果，对职工不安全行为进行预警。预警内容包括检查人、检查时间、行为风险类别、问题描述、整改情况等，图 6-13 为行为预警页面。

STOP 的行为管理模式强调了对企业职工的正面激励，激发职工的工作热情，从而充分调动职工的工作积极性。所以，在理论上，观察的结果不能与安全奖励相联系，但当发生重大事故时，可以对职工进行安全惩罚。

（4）教育培训

教育培训模块主要为了实现企业职工的在线学习和在线考核，包括对相应规章制度和典型事故案例的学习教育。职工也可通过在线视频和 PPT 等资源进行安全知识学习，图 6-14 为视频浏览页面。

图 6-11　观察记录页面

图 6-12　观察报告页面

　　此外,企业对职工可以进行网上考核,系统管理员可以查看、删除、编辑试题,并随时进行试题库的更新。职工在考前可以根据自己的实际情况,选择不同的试题;考试结束后,系统会自动审阅并给出正确的答案。图 6-15 为职工在线考核的页面。

　　(5)对策建议

　　本书针对上述的安全管理策略进行了探讨,提出了相应的对策建议功能模块。相关职工可以根据不同的对策类别,对具体的控制措施进行查询,同时也可以提供自己的意见。图 6-16 是安全对策的管理网页,管理员可以进行修改、删除等操作。

图 6-13　行为预警页面

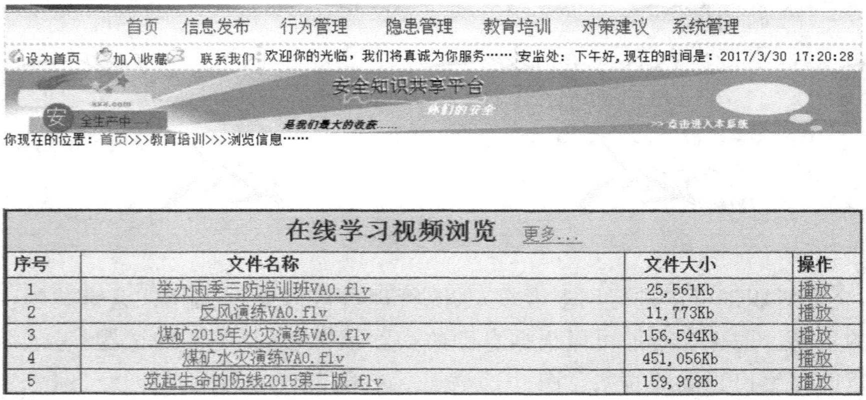

在线学习视频浏览 更多…

序号	文件名称	文件大小	操作
1	举办雨季三防培训班VA0.flv	25,561Kb	播放
2	反风演练VA0.flv	11,773Kb	播放
3	煤矿2015年火灾演练VA0.flv	156,544Kb	播放
4	煤矿水灾演练VA0.flv	451,056Kb	播放
5	筑起生命的防线2015第二版.flv	159,978Kb	播放

图 6-14　视频浏览页面

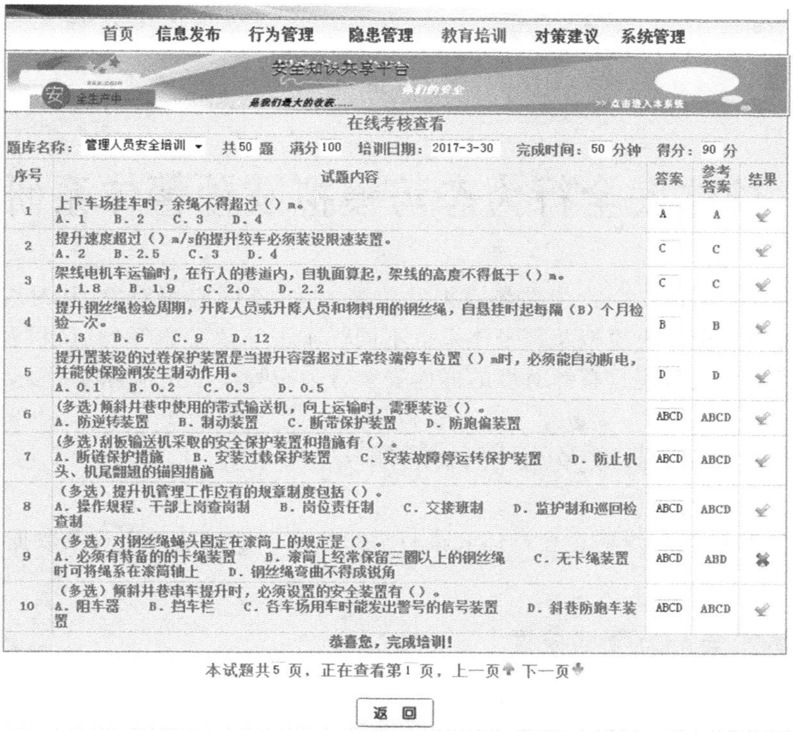

首页 信息发布 行为管理 隐患管理 教育培训 对策建议 系统管理

安全知识共享平台

在线考核查看

题库名称：管理人员安全培训 共50题 满分100 培训日期：2017-3-30 完成时间：50分钟 得分：90分

序号	试题内容	答案	参考答案	结果
1	上下车场挂车时，余绳不得超过（）m。 A. 1 B. 2 C. 3 D. 4	A	A	✓
2	提升速度超过（）m/s的提升绞车必须装设限速装置。 A. 2 B. 2.5 C. 3 D. 4	C	C	✓
3	架线电机车运输时，在行人的巷道内，自轨面算起，架线的高度不得低于（）m。 A. 1.8 B. 1.9 C. 2.0 D. 2.2	C	C	✓
4	提升钢丝绳检验周期，升降人员或升降人员和物料用的钢丝绳，自悬挂时起每隔（B）个月检验一次。 A. 3 B. 6 C. 9 D. 12	B	B	✓
5	提升置装设的过卷保护装置是当提升容器超过正常终端停车位置（）m时，必须能自动断电，并能使保险闸发生制动作用。 A. 0.1 B. 0.2 C. 0.3 D. 0.5	D	D	✓
6	(多选)倾斜井巷中使用的带式输送机，向上运输时，需要装设（）。 A. 防逆转装置 B. 制动装置 C. 断带保护装置 D. 防跑偏装置	ABCD	ABCD	✓
7	(多选)刮板输送机采取的安全保护装置和措施有（）。 A. 断链保护措施 B. 安装过载保护装置 C. 安装故障停运转保护装置 D. 防止机头、机尾翻翘的锚固措施	ABCD	ABCD	✓
8	（多选）提升机管理工作应有的规章制度包括（）。 A. 操作规程、干部上岗查岗制 B. 岗位责任制 C. 交接班制 D. 监护制和巡回检查制	ABCD	ABCD	✓
9	（多选）对钢丝绳蝇头固定在滚筒上的规定是（）。 A. 必须有特备的的卡绳装置 B. 滚筒上经常保留三圈以上的钢丝绳 C. 无卡绳装置时可将绳系在滚筒轴上 D. 钢丝绳弯曲不得成锐角	ABCD	ABD	✗
10	（多选）倾斜井巷串车提升时，必须设置的安全装置有（）。 A. 阻车器 B. 挡车栏 C. 各车场用车时能发出警号的信号装置 D. 斜巷防跑车装置	ABCD	ABCD	✓

恭喜您，完成培训！

本试题共5页，正在查看第1页，上一页 下一页

返回

图 6-15 职工在线考核页面

首页 信息发布 行为管理 隐患管理 教育培训 对策建议 系统管理

设为首页 加入收藏 联系我们 欢迎你的光临，我们将真诚为你服务…… 安监处：上午好，现在的时间是：2017/3/28 10:51:11

…:::提高安全意识:::…（提高安全意识）

你现在的位置：首页>>>对策建议>>>浏览信息……

控制对策列表

序号	类别	控制措施	详细措施	操作
1	安全领导	提高安全关心	对职工进行合理的安全激励；及时与上下级进行信息反馈；加强与职工沟通..	修改/删除
2	安全领导	加强安全控制和指导	正确使用职权性影响力和非职权性影响力；主动学习、掌握法规标准和安全..	修改/删除
3	群体方面	提高群体安全氛围	通过建立群体安全目标、完善群体安全规范、组织安全培训教育等手段来创..	修改/删除
4	群体方面	群体规范方面	将作业标准化思想引入群体规范之中，充分发挥群体内规范的引导约束作用..	修改/删除
5	群体方面	加强群体沟通	通过上行沟通方式提高群体成员的安全满意度和忠诚度	修改/删除
6	群体方面	加强群体沟通	通过下行沟通方式增强职工的责任感	修改/删除
7	群体方面	加强群体沟通	通过横向沟通、斜向沟通，缩短沟通距离，提高沟通效率	修改/删除
8	群体方面	合理利用群体压力方面	利用群体压力对个体不安全行为的纠正和抑制作用，建立良好的安全文化	修改/删除
9	群体方面	优化群体结构	合职工准入管理等方式，对群体成员的性别、年龄、个性、专业、技能等进..	修改/删除
10	物态环境	加强风险管控	加强危险源识别与管理工作，对职工作业过程中可能遇到的危险源进行辨识..	修改/删除
11	物态环境	优化作业环境	6S管理方法对现场环境进行管理	修改/删除
12	物态环境	优化作业环境	按照GB2894安全标志规范设置；	修改/删除
13	物态环境	优化作业环境	改善工作场所照明，控制和降低噪声、温湿度的影响。	修改/删除
14	物态环境	提高人机匹配	人机匹配设计	修改/删除
15	物态环境	提高人机匹配	冗余系统如两人操作、人机并行等	修改/删除
16	物态环境	提高人机匹配	引进先进设备，提高机械化水平，积极推进“机械化换人、机器人作业、自..	修改/删除
17	物态环境	提高人机匹配	制定定期检修计划，派专人定期检查维修设备，检修时挂牌上锁	修改/删除
18	个体方面	职工资格准入管理	严格要求职工的心理和生理素质，	修改/删除
19	个体方面	职工不安全行为管控	对职工不安全行为进行分类、辨识	修改/删除
20	个体方面	职工不安全行为管控	划分不安全行为等级，提出风险预警	修改/删除

当前第1页，共有32页，共有：631条记录

首页上一页下一页尾页

[关闭此窗口]

关于我们 ¦ 广告联系 ¦ 下载帮助 ¦ 发布软件 ¦ 访客留言 ¦ 版权声明 ¦ 管理员登陆 ¦

图 6-16 安全对策管理页面

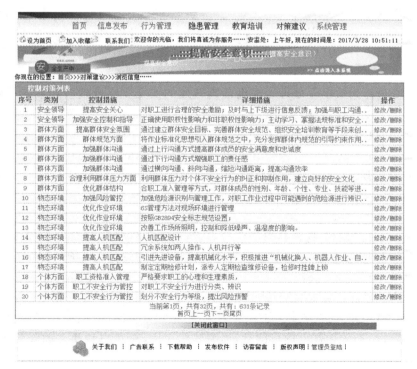

7 群体安全行为态势模拟及预警体系研究

本书研究的是群体安全行为态势模拟及预警方法,不同应用对象,其对应的群体也不同,因此,其群体安全行为模拟及预警体系也不同。本书从煤矿、矿区社区以及高校学生群体三种特殊场景出发构建具有针对性的群体安全行为态势模拟及预警体系。

7.1 煤矿企业的模拟及预警体系研究

根据上述研究内容,煤矿企业群体安全行为态势模拟新方法的流程及数据处理逻辑,如图 7-1 所示。

7.1.1 群体安全行为数据挖掘

以煤矿职工群体为研究对象,将群体动态、组织行为学等相关理论相结合,对群体安全行为进行分析,为 QSIM 算法的全面深入优化提供数据基础。

(1) 群体安全行为要素提取。通过查阅文献、专家论证和统计处理,确定群体安全行为要素。要素的提取需要经过多轮专家论证,并采用 ANP(网络层次分析法)等方法确保要素既要体现煤矿职工群体现实特点,又要具有代表性。运用 Hfacs-cm(煤矿人为因素分析与分类系统)构建"要素-行为"体系,即构建安全生产过程中职工群体行为与各个要素的映射关系。

(2) 群体安全行为数字化处理。借助前期开发的安全监察管理信息系统等软件,构建 Word2vec-LSTM(基于深度学习开发的词向量-长短时记忆网络)模型,挖掘煤矿企业近十年的安全生产信息中的行为数据,进一步修正题设要素,以确保要素能真实反映煤矿职工群体特点。根据"要素-行为"体系,分析并量化各要素对应的安全行为信息,以此作为群体安全行为研究的原始数据。

7.1.2 群体安全行为定性模拟算法全过程优化

依据群体安全行为数据挖掘所得的信息,从约束条件(即模拟和转换规则)、过滤过程、结果分析等定性模拟全过程着手优化,研究并提出性能先进、功能完善的群体安全行为定性模拟新算法。

(1) 优化约束条件。针对每个模型中各因素间的关系,设计 ANFIS-Restraint(自适应神经网络模糊推理系统-约束条件)模型,解算和处理群体安全行为数据,有针对性地设置计算边界,降低多种状态转换规则的可能性,提高其约束力,在状态转换之前降低组合爆炸发生概率。

(2) 优化过滤过程。依据社会场理论,设计过滤新方法,用于每次模拟中所有模拟阶段

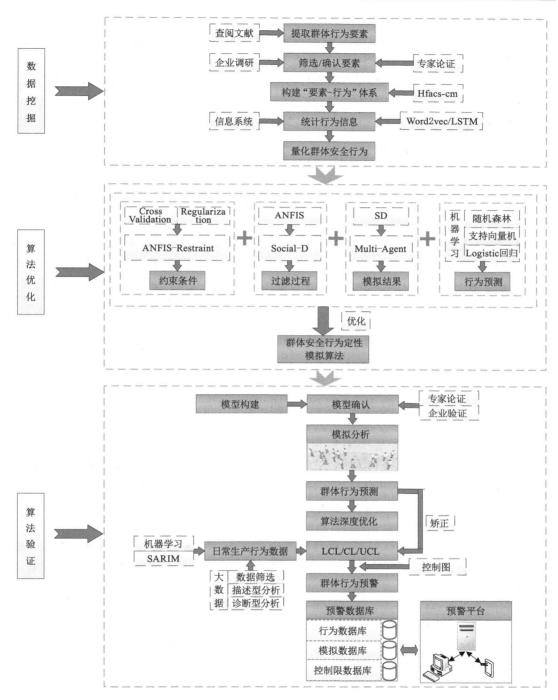

图 7-1　技术路线图

的状态转换推理。计算状态转换过程定性值、变化方向、变化强度与社会场吸引子的距离，并与约束条件结合，设计并矫正社会场吸引子距离的计算模型，距离最小的状态转换组合即为转换结果，以此提高过滤过程的效率和可靠性，进一步降低直至消除状态转换过程中的组合爆炸现象。

（3）优化模拟结果。在每个模拟阶段的状态转换过程中，经过过滤得到唯一转换结果，将所有模拟阶段的转换结果汇总，得到本次模拟的结果。据此，构建"SD＋Multi-Agent"（系统动力学＋多智能体）模型，集中表现群体及其内部成员安全行为的转换过程及结果，进而探究、分析群体及内部成员行为的演化特性及规律。在模拟结果分析的基础上，以随机森林、支持向量机、Logistic 回归三种机器学习算法择优封装群体安全行为预测模块。

7.1.3 群体安全行为定性模拟算法验证

优化后的群体安全行为定性模拟算法，需要通过算法验证来确认其可行性、可靠性和先进性；群体安全行为预警是验证后算法的基础理论拓展，是本项目另一个重点研究内容，也是本项目的另一个创新之处。

（1）模拟分析。基于研究内容设计典型的（如采煤、通风等）煤矿职工群体安全行为模型，并通过专家论证、模拟实验和企业验证等方法验证、完善模型，并运用 ANFIS-Restraint 选取参数，确保模拟参数具有现实代表性，并据此设计模拟方案。通过对比分析模拟结果、预测结果与煤矿企业实际情况，验证优化的群体安全行为定性模拟算法的性能。

（2）深度优化。通过调整参数等方式对算法做进一步的性能评估，并深度优化；必要时，重复开展研究内容和本项研究内容的以上部分。经过深度优化后的算法，则是新的、定型的群体安全行为定性模拟算法。

7.2 矿区社区的模拟及预警体系研究

社区是国家社会体系的基石，社区和谐稳定是国家社会治理的重要组成部分。十八届三中全会提出了"健全和发展中国特色社会主义制度，推进国家治理体系和治理能力的现代化"的总体目标；党的十九大报告提出："以人民安全为宗旨，统筹传统安全和非传统安全"，"加强社区治理体系建设，推动社会治理重心向基层下移，发挥社会组织作用，实现政府治理和社会调节、居民自治良性互动"。

当前，我国正处于社会体制变革和结构调整关键期，基层利益格局和居民思想观念已发生深刻变化，问题不断增多，矛盾凸显且复杂多变，风险增多且交织叠加，公共安全形势严峻。煤矿作为高风险行业，其所属社区居民工作环境复杂、安全形势严峻，且人口密度大、活动时间和地点集中，既有正式群体的组织架构，又有非正式群体的灵活性。加之能源转型改革，矿区所属社区居民对相关信息尤为敏感。

矿区社区是社区的特殊基层组织形式，承载及时化解灾害风险、先期处置应急突发事件、维护基层稳定之重任。舆情是群体行为演化的重要致因，因此，矿区社区居民的舆情及群体行为的研究是社会治理实践所需，也是学界责任。本书以矿区社区居民群体为研究对象，探究居民舆情管控方法，并基于此，探寻舆情对群体行为的影响，进而构建预警机制。

整个体系的研究以新时代能源改革和社区公共安全形势为分析背景，以舆情及群体安全行为管控为理念支撑，运用公共安全、舆情管理、矿区群体行为学等理论，探讨和验证相关研究在我国矿区社区公共安全治理中的可靠性与适用性。本体系可为当前社区公共安全治理理论增加新元素，从而丰富相关理论内容，增显相关理论研究层次性，促进同类理论研究纵深化,最终助力相关理论创新。

开展矿区社区舆情及群体行为研究是社区公共安全治理体系研究的有机组成部分。宏观而言是党领导全国人民加强社区治理体系建设应有之义,是国家治理体系和公共安全体系建设之所需;中观上是矿区社区的社会治理研究矿区生产系统重要组成,其成果可服务于我国能源转型和矿区治理的政策制定,提高治理效能;微观上有利于改善矿区社区公共安全环境,在保障矿区社区居民个人基本生存权利基础上提高生产生活质量,增强居民安全感、幸福感和满意度。

矿区社区居民大多以煤矿职工为纽带聚居到一起,因此矿区社区的群体安全行为与煤矿职工的群体安全行为具有相似性,但因其涉及职工家属等非煤矿企业人员,其非正式群体的特性较煤矿职工会更突出。本节构建矿区社区的群体安全行为态势模拟及预警体系,以期实现以下目标。

(1)解决矿区社区安全问题

聚焦矿区社区社会治理问题,系统分析当前居民群体安全行为影响因素,基于舆情管控和群体动力学理论,本着群众参与、成果共享的目标,构建舆情传播模型,探寻舆情传播规律;并基于矿区社区居民群体,构建权责明确、齐抓共管的安全行为预警机制,切实解决影响矿区社区居民安居乐业和矿区安全的重点难点问题。

(2)服务单位社区实践应用

矿区社区是单位社区的特殊形态,结合矿区社区安全治理实践,切实服务于单位社区公共安全治理政策制定和完善,明确多主体权责关系,规范治理行为,坚持群众路线,切实调动社区居民参与积极性,打造"人人参与、人人尽责、人人共享"格局,提高单位社区公共安全治理水平,最终为确保基层和谐稳定,保护好居民人身权、财产权和人格权提供意见、建议或参考。

(3)促进同类社区研究创新

中国特色社会主义在"十四五"开局阶段迈入新世纪,意味着社区治理将进入一个全新的历史方位。新时代也呼唤治理创新。如何基于矿区社区治理的理念重新思考新时代社区公共安全治理是重要命题。本课题旨在深化相关理论研究,验证和丰富社区公共安全治理理论,为当下和未来同类、同层次研究提供新素材、新参考。

基于此,本课题的主要研究内容包括如下 4 个部分,如图 7-2 所示。

(1)矿区社区居民群体行为影响因素体系研究

构建 Word2vec-LSTM 模型(基于深度学习开发的词向量-长短时记忆网络),消除"信息孤岛"效应,挖掘近年社区或矿区群体事件中的行为数据。根据数据挖掘所得的信息,构建 Hfacs-cs(人为因素分析与分类系统)模型,分析群体安全行为影响因素,明确影响因素和矿区社区的居民群体安全行为的映射关系,提出"要素-行为"体系,即矿区社区群体行为与各个要素的映射关系。

(2)矿区社区居民群体舆情传播规律仿真研究

根据研究内容,以"要素-行为"体系进行博弈假设,构建矿区社区居民群体舆情博弈矩阵,计算博弈各方的期望收益和平均收益,然后建立复制动态方程,计算均衡点,并确定最优博弈策略。将博弈策略作为 CA(元胞自动机)的演化规则,构建矿区社区居民群体舆情传播模型,通过仿真分析,研究矿区社区居民群体舆情传播规律。

（3）矿区社区居民群体安全行为演化规律研究

基于研究内容，以"要素-行为"体系，设定 SD 模型（系统动力学）各变量，构建变量间的关系方程，构建矿区社区居民群体安全行为 SD＋Multi-Agent（系统动力学＋多智能体）模型。通过专家论证及初步模拟，验证模型的可靠性；设计模拟方案，并验证其可行性；模拟分析群体安全行为的演化特性及规律。

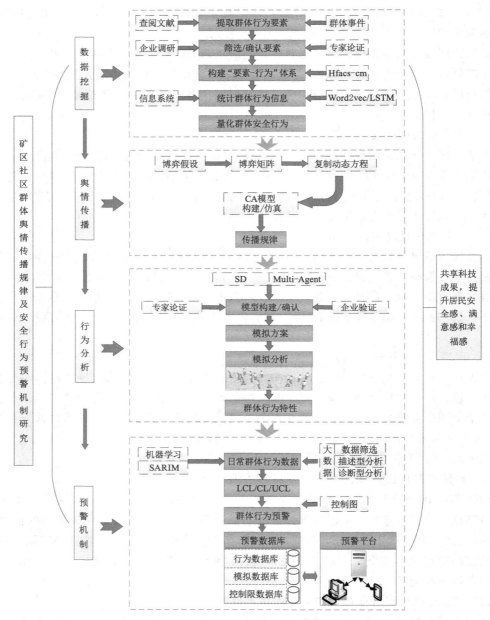

图 7-2 矿区社区模拟及预警体系框架

（4）矿区社区居民群体安全行为预警机制研究

根据研究内容分析的矿区社区居民群体安全行为演化特性及规律，运用机器学习算法研究矿区社区居民群体安全行为预测模型,并结合控制图分析方法提出动态预警机制。建立矿区社区居民群体安全行为管控对策库,设计开发配套预警数据库和预警平台。

7.3 高校学生的模拟及预警体系研究

2019 年底开始流行进而暴发的新型冠状病毒感染"COVID-19",在全国人民共同努力下,得到了很好的控制。随着疫情防控进程的高效展开,各高校均已正常开学。针对高校特点及疫情防控需求,各高校制定了应急预案,教职工和学生恢复了正常的学习和生活。全国范围内的传染病防治工作步入正轨,偶尔会出现零星输入病例,在这种情况下,高校做好疫情防控,合理引导学生正常学习至关重要。

高校具有人口密度大、学生活动时间和地点集中等特点,这为疫情防控增加了困难。在疫情防控常态化大背景下,以大学生为研究对象,探究高校大学生群体舆情传播规律及安全行为演化特性,为高校管理、引导学生疫情防控提供了基础理论指导;在学生群体安全行为特性及规律的基础上,研究、设计预警机制,将学生行为风险管控关口前移,有助于提高疫情防控的效率。

因此,该体系既可以探究常态化疫情防控下高校大学生群体安全行为演化特性及规律和完善的管理及预警方法,有明确的学术研究意义;又可以提供方便、实用的高校学生群体行为管理及预警系统,用于高校疫情防控的实际管理工作中,有重要的实际应用价值。基于此,本节要建立疫情常态化防控情况下大学生群体安全行为影响因素体系,并探寻大学生群体舆情传播规律;通过数值模拟,研究疫情常态化防控情况下高校大学生群体安全行为,并提出大学生群体安全行为预警机制。

综上,本体系的主要研究内容包括如下 4 个部分,如图 7-3 所示。

(1) 疫情常态化防控情况下高校学生群体安全行为影响因素体系研究

构建 Word2vec-LSTM 模型(基于深度学习开发的词向量-长短时记忆网络),消除"信息孤岛"效应,挖掘高校近年群体事件中的行为数据。

根据数据挖掘所得的信息,构建 Hfacs-cs(高校人为因素分析与分类系统)模型,分析群体安全行为影响因素,明确影响因素和大学生群体安全行为的映射关系,提出"要素-行为"体系,即疫情常态化防控情况下大学生群体行为与各个要素的映射关系。

(2) 疫情常态化防控情况下高校大学生群体舆情传播规律仿真研究

根据研究内容,以"要素-行为"体系进行博弈假设,构建疫情常态化防控情况下大学生群体舆情博弈矩阵,计算博弈各方的期望收益和平均收益,然后建立复制动态方程,计算均衡点,并确定最优博弈策略。

将博弈策略作为 CA(元胞自动机)的演化规则,构建疫情常态化防控情况下大学生群体舆情传播模型,通过仿真分析,研究疫情常态化防控情况下高校大学生群体舆情传播规律。

(3) 疫情常态化防控情况下高校大学生群体安全行为仿真研究

基于研究内容,以"要素-行为"体系,设定 SD(系统动力学)各变量,并构建变量间的关系方程,构建疫情常态化防控情况下高校大学生群体安全行为 SD＋Multi-Agent(系统动力学＋多智能体)模型。

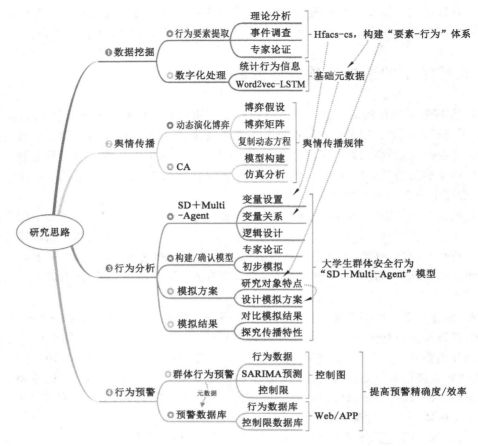

图 7-3   高校学生群体安全行为模拟及预警体系研究思路图

通过专家论证及初步模拟,验证疫情常态化防控情况下高校大学生群体安全行为模型;设计模拟方案,并验证其可行性;在 AnyLogic 中二次开发,模拟分析大学生群体安全行为的演化特性及规律。

（4）疫情常态化防控情况下高校大学生群体安全行为预警机制研究

根据研究内容分析的高校大学生群体安全行为演化特性及规律,运用机器学习算法研究大学生群体安全行为预测模型,并结合控制图分析方法提出动态预警机制。

建立疫情常态化防控情况下高校大学生群体安全行为管控对策库,设计开发配套预警数据库和预警平台。

8 总结与展望

8.1 回顾与总结

人的不安全行为控制是防止事故发生、保障企业安全生产最为重要的基础工作之一。本书在前期研究的基础上,从群体这一视角来审视和研究这一课题,运用群体动力学和安全态势理论分析群体行为,通过模拟寻求职工群体安全行为的发展变化规律,根据其规律设计预警方法,制定控制对策,并构建对策库。本书针对群体安全行为给出了一个明确的问题解决思路,研究并提出了一个完整的方法、技术体系。

本书的主要内容及相关结论总结如下:

(1)简要介绍了企业的安全现状及群体安全行为的态势相关研究,然后重点阐释了群体的特征及其影响因素,为群体安全行为态势的模拟方法奠定了理论基础。

(2)讨论了群体安全行为态势定性模拟的方法。基于 QSIM 原理,介绍了常用的定性模拟优化方法,主要包括过滤过程的优化以及变量设置、模拟规则、模拟结果等环节的全过程优化。同时,在常用优化方法的基础上,结合群体安全行为态势模拟的需求,提出了新型优化方法,包括过滤过程的优化以及包含其他环节的全过程优化。

运用新型群体安全行为定性模拟方法,以煤矿职工群体为例,通过案例模拟验证并分析了该方法的可靠性。构建煤矿职工群体安全行为模型,并设计了不同模拟方案,对所有方案进行模拟,重点分析其态势的变化趋势,以在变化中探寻规律。

(3)虽然群体安全行为态势定性模拟方法得到了优化,但其中部分优化方法仍是从定量角度进行的考虑。因此,为了尽可能消除群体安全行为态势模拟中主观因素的影响,本书介绍了群体安全行为态势定量模拟方法,主要包括基于博弈论、系统动力学及二者相结合的模拟方法。

基于博弈论的模拟方法中,首先进行问卷调查分析,完善优化指标体系,并对其进行量化;然后进行博弈假设分析,通常以群体与安全管理者为博弈方;依据假设,计算复制动态方程,通过仿真,算得方程最优解,并根据最优解分析策略。

基于系统动力学的模拟方法中,依据指标因素,构建 SD 模型,在设定的仿真时间内,模拟分析其态势演变过程。

基于博弈论和系统动力学的模拟方法中,结合了二者的优点,以博弈论的复制动态方程限定系统动力学模型中各因素间的关系式,借助系统动力学的分析优势,动态展现群体安全行为态势的演化过程。

(4)在模拟方法的基础上,构建群体安全行为态势预警方法体系。基于 BP 神经网络和自适应神经网络(ANFIS)模型,进行优化改进,设计新的预测方法。

对 ANFIS 模型的学习率进行了双重优化,提高了其在行为风险数据方面预测的精确性。同时,基于 BN-ELM,从因素的选取、指标的构建到数据的综合分析预测,进行了全面优化。本书在 GA-BP 算法的基础上,结合 SD 模拟方法,构建了新型预测方法,以期通过模拟结果进一步矫正 GA-BP 的预测结果,提高其精确度。

在预测方法的基础上,结合控制图分析,构建群体安全行为态势演化预警方法,即,预测数据超过控制图的上限,则进行预警。

(5) 在群体安全行为态势模拟和预警方法体系的基础上,进一步深化研究,提出控制措施,以期为管理人员提供理论依据和应用工具。

综合考虑不同企业或社区等群体的特点,提出具有通用性的控制对策的架构和内容。针对具体内容,并提出实施方法,以确保控制对策能切实落地实施。在控制对策内容及实施方法的基础上,设计对策优选方法,并借助计算机技术提高其优选效率。综合上述内容,设计开发了控制对策库管理系统,为群体安全行为态势控制对策的实施提供了应用工具。

(6) 本书以煤矿企业、矿区社区及高校学生为应用对象,在上述群体安全行为态势模拟及预警方法的基础上,进行了案例分析,有针对性地提出了相应的模拟及预警体系。

8.2　展望及建议

及时关注群体安全行为态势不但可以促进企业安全生产水平的提高,而且可以促进社会的和谐稳定,这是安全领域的研究共识。本书通过群体安全行为的定性和定量模拟方法的优化及预警方法体系的完善,来寻求这一问题的解决方案,探索分析了控制对策的制定及数据库的完善。

作者希望本书能够起到一个抛砖引玉的作用,希望有更多的学者从事这一方向和这一领域的研究,更希望有一大批相关成果问世,并能够给企业的安全生产及社会公共安全管理工作以现实、具体的指导。

基于上述考虑,结合本书研究工作中不尽完善之处和未能实现的目标,提出相关展望和建议。

(1) 进一步优化和完善群体安全行为模拟方法。本书提出的基于 QSIM 的群体安全行为定性模拟方法及博弈论结合系统动力学的定量模拟方法,其科学性和完备性仍然有待进一步提高。例如,可以结合数据挖掘等方法来优化群体安全行为态势的模拟方法。

(2) 重视信息技术与模拟、预警及控制对策优选的结合。本书设计的群体安全行为态势模拟、预警及控制对策优选等内容均可借助计算机技术实现信息化和智能化,但在应用软件设计开发上,仍有较大提升空间。例如,可结合"互联网+"提高其可靠性及运算效率

(3) 针对煤矿、社区、高校等领域开展专门研究,制定操作上可行、实施中有效、管理上方便的群体安全行为态势预测预警及管控对策和具体措施,完善数据库,使之更好地服务于相关行业的安全生产和事故预防工作。

附　　录

附录 1　模拟规则转换表

表 F1-1　Z_1、Z_7 和 Z_{10} 的状态转换规则

序号	X	Y	对 Z 的综合作用
1	0	0	→
2	1	0	↗
3	2	0	↑
4	0	1	↘
5	1	1	→
6	2	1	↗
7	0	2	↓
8	1	2	↘
9	2	2	→

表 F1-2　Z_3、Z_9、Z_{12}、Z_{15} 和 Z_{19} 的状态转换规则

序号	X	Y	Z	对 Z 的综合作用	序号	X	Y	Z	对 Z 的综合作用	序号	X	Y	Z	对 Z 的综合作用
1	0	2	↓	↓	16	1	0	↘	→	31	0	0	↗	↗
2	0	1	↓	↓	17	2	1	↘	→	32	1	1	↗	↗
3	1	2	↓	↓	18	2	0	↘	↗	33	2	2	↗	↗
4	0	0	↓	↓	19	0	2	→	↓	34	1	0	↗	↑
5	1	1	↓	↓	20	0	1	→	↘	35	2	1	↗	↑
6	2	2	↓	↓	21	1	2	→	↘	36	2	0	↗	↑
7	1	0	↓	↘	22	0	0	→	→	37	0	2	↑	→
8	2	1	↓	↘	23	1	1	→	→	38	0	1	↑	↗
9	2	0	↓	→	24	2	2	→	→	39	1	2	↑	↗
10	0	2	↘	↓	25	1	0	→	↗	40	0	0	↑	↑
11	0	1	↘	↓	26	2	1	→	↗	41	1	1	↑	↑
12	1	2	↘	↓	27	2	0	→	↑	42	2	2	↑	↑
13	0	0	↘	↘	28	0	2	↗	↘	43	1	0	↑	↑
14	1	1	↘	↘	29	0	1	↗	→	44	2	1	↑	↑
15	2	2	↘	↘	30	1	2	↗	→	45	2	0	↑	↑

表 F1-3　Z_4、Z_8、Z_{13} 和 Z_{14} 的状态转换规则

序号	X	Y	Z	Z	综合作用	序号	X	Y	Z	Z	综合作用	序号	X	Y	Z	Z	综合作用	序号	X	Y	Z	Z	综合作用
1	0	0	↓	↓	↓	58	0	2	↘	→	↓	115	1	1	→	↑	↑	172	2	0	↑	↘	↑
2	0	0	↓	↘	↓	59	0	2	↘	↗	↓	116	1	1	↗	↓	↘	173	2	0	↑	→	↑
3	0	0	↓	→	↓	60	0	2	↘	↑	↘	117	1	1	↗	↘	→	174	2	0	↑	↗	↑
4	0	0	↓	↗	↘	61	0	2	→	↓	↓	118	1	1	↗	→	↗	175	2	0	↑	↑	↑
5	0	0	↓	↑	→	62	0	2	→	↘	↓	119	1	1	↗	↗	↑	176	2	1	↓	↓	↘
6	0	0	↘	↓	↓	63	0	2	→	→	→	120	1	1	↗	↑	↑	177	2	1	↓	↘	↓
7	0	0	↘	↘	↓	64	0	2	→	↗	↘	121	1	1	↑	↓	→	178	2	1	↓	→	↓
8	0	0	↘	→	↘	65	0	2	→	↑	→	122	1	1	↑	↘	↗	179	2	1	↓	↗	→
9	0	0	↘	↗	→	66	0	2	↗	↓	↓	123	1	1	↑	→	↑	180	2	1	↓	↑	↗
10	0	0	↘	↑	↗	67	0	2	↗	↘	↘	124	1	1	↑	↗	↑	181	2	1	↘	↓	↓
11	0	0	→	↓	↓	68	0	2	↗	→	↘	125	1	1	↑	↑	↑	182	2	1	↘	↘	↓
12	0	0	→	↘	↘	69	0	2	↗	↗	→	126	1	2	↓	↓	↓	183	2	1	↘	→	→
13	0	0	→	→	→	70	0	2	↗	↑	→	127	1	2	↓	↘	↓	184	2	1	↘	↗	↗
14	0	0	→	↗	↗	71	0	2	↑	↓	↓	128	1	2	↓	→	↓	185	2	1	↘	↑	↑
15	0	0	→	↑	↑	72	0	2	↑	↘	↓	129	1	2	↓	↑	↘	186	2	1	→	↓	↓
16	0	0	↗	↓	↗	73	0	2	↑	→	→	130	1	2	↓	↑	↘	187	2	1	→	↘	→
17	0	0	↗	↘	→	74	0	2	↑	↗	→	131	1	2	↘	↓	↓	188	2	1	→	→	↗
18	0	0	↗	→	↗	75	0	2	↑	↑	→	132	1	2	↘	↘	↓	189	2	1	→	↗	↑
19	0	0	↗	↗	↑	76	1	0	↓	↓	↓	133	1	2	↘	→	↓	190	2	1	→	↑	↑
20	0	0	↗	↑	↑	77	1	0	↓	↘	↘	134	1	2	↘	↗	→	191	2	1	↗	↓	→
21	0	0	↑	↓	→	78	1	0	↓	→	↘	135	1	2	↘	↑	→	192	2	1	↗	↘	↗
22	0	0	↑	↘	↗	79	1	0	↓	↗	→	136	1	2	→	↓	↓	193	2	1	↗	→	↗
23	0	0	↑	→	↑	80	1	0	↓	↑	↗	137	1	2	→	↘	↓	194	2	1	↗	↗	↑
24	0	0	↑	↗	↑	81	1	0	↘	↓	↓	138	1	2	→	↗	↘	195	2	1	↗	↑	↑
25	0	0	↑	↑	↑	82	1	0	↘	↘	↓	139	1	2	→	↗	→	196	2	1	↑	↓	↗
26	0	1	↓	↓	↓	83	1	0	↘	→	→	140	1	2	→	↑	↗	197	2	1	↑	↘	↑
27	0	1	↓	↘	↓	84	1	0	↘	↗	↗	141	1	2	↗	↓	↓	198	2	1	↑	→	↑
28	0	1	↓	→	↓	85	1	0	↘	↑	↑	142	1	2	↗	↘	↘	199	2	1	↑	↗	↑
29	0	1	↓	↗	↓	86	1	0	→	↓	↘	143	1	2	↗	→	→	200	2	1	↑	↑	↑
30	0	1	↓	↑	↘	87	1	0	→	→	→	144	1	2	↗	↗	↗	201	2	2	↓	↓	↓
31	0	1	↘	↓	↓	88	1	0	→	→	↗	145	1	2	↑	↓	→	202	2	2	↓	↘	↓
32	0	1	↘	↘	↓	89	1	0	→	↑	↑	146	1	2	↑	↓	↘	203	2	2	↓	→	↓
33	0	1	↘	→	↓	90	1	0	→	↑	↑	147	1	2	↑	↘	→	204	2	2	↓	↗	↘
34	0	1	↘	↗	→	91	1	0	↗	↓	→	148	1	2	↑	→	↗	205	2	2	↓	↑	→
35	0	1	↘	↑	→	92	1	0	↗	↘	↗	149	1	2	↑	↗	↗	206	2	2	↘	↓	↓

表 F1-3（续）

序号	X	Y	Z	Z	综合作用	序号	X	Y	Z	Z	综合作用	序号	X	Y	Z	Z	综合作用	序号	X	Y	Z	Z	综合作用
36	0	1	→	↓	↓	93	1	0	↗	→	↑	150	1	2	↑	↑	↗	207	2	2	↘	↘	↓
37	0	1	→	↘	↓	94	1	0	↗	↗	↑	151	2	0	↓	↓	→	208	2	2	↘	→	↘
38	0	1	→	→	↘	95	1	0	↗	↑	↑	152	2	0	↓	↘	→	209	2	2	↘	↗	→
39	0	1	→	↗	→	96	1	0	↑	↓	↗	153	2	0	↓	→	→	210	2	2	↘	↑	↗
40	0	1	→	↑	↗	97	1	0	↑	↘	↑	154	2	0	↓	↗	↗	211	2	2	→	↓	↓
41	0	1	↗	↓	↓	98	1	0	↑	→	↑	155	2	0	↓	↑	↑	212	2	2	→	↘	↘
42	0	1	↗	↘	↓	99	1	0	↑	↑	↑	156	2	0	↘	↓	→	213	2	2	→	→	→
43	0	1	↗	→	→	100	1	0	↑	↑	↑	157	2	0	↘	↘	→	214	2	2	→	↗	↗
44	0	1	↗	↗	↗	101	1	1	↓	↓	↓	158	2	0	↘	→	↗	215	2	2	→	↑	↑
45	0	1	↗	↑	↗	102	1	1	↓	↘	↓	159	2	0	↘	↗	↑	216	2	2	↗	↓	↘
46	0	1	↑	↓	↘	103	1	1	↓	→	↓	160	2	0	↘	↑	↑	217	2	2	↗	↘	↘
47	0	1	↑	↘	→	104	1	1	↓	↗	↘	161	2	0	→	↓	↓	218	2	2	↗	→	↗
48	0	1	↑	→	↗	105	1	1	↓	↑	→	162	2	0	→	↘	↗	219	2	2	↗	↗	↑
49	0	1	↑	↗	↗	106	1	1	↘	↓	↓	163	2	0	→	→	↑	220	2	2	↗	↑	↑
50	0	1	↑	↑	↗	107	1	1	↘	↘	↓	164	2	0	→	↗	↗	221	2	2	↑	↓	→
51	0	2	↓	↓	↓	108	1	1	↘	→	↘	165	2	0	→	↑	↑	222	2	2	↑	↘	↗
52	0	2	↓	↘	↓	109	1	1	↘	↗	→	166	2	0	↗	↓	↗	223	2	2	↑	→	↑
53	0	2	↓	→	↓	110	1	1	↘	↑	↗	167	2	0	↗	↘	↗	224	2	2	↑	↗	↑
54	0	2	↓	↗	↓	111	1	1	→	↓	↓	168	2	0	↗	→	↑	225	2	2	↑	↑	↑
55	0	2	↓	↑	↓	112	1	1	→	↘	↓	169	2	0	↗	↗	↑						
56	0	2	↘	↑	↓	113	1	1	→	→	→	170	2	0	↗	↑	↑						
57	0	2	↘	↘	↓	114	1	1	→	↗	↗	171	2	0	↑	↓	↑						

表 F1-4　Z_6、Z_{11} 和 Z_{18} 的状态转换规则

序号	Z	Z	对 Z 的综合作用	序号	Z	Z	对 Z 的综合作用
1	↓	↓	↓	14	↗	→	↗
2	↘	↓	↓	15	↑	→	↑
3	→	↓	↓	16	↓	↗	↘
4	↗	↓	↘	17	↘	↗	→
5	↑	↓	→	18	→	↗	↗
6	↓	↘	↓	19	↗	↗	↑
7	↘	↘	↓	20	↑	↗	↑
8	→	↘	↘	21	↓	↑	→
9	↗	↘	→	22	↘	↑	↗
10	↑	↘	↗	23	→	↑	↑
11	↓	→	↓	24	↗	↑	↑
12	↘	→	↘	25	↑	↑	↑
13	→	→	→				

表 F1-5 Z_{16} 和 Z_{17} 的状态转换规则

序号	Z	Z	Z	对Z的综合作用	序号	Z	Z	Z	对Z的综合作用	序号	Z	Z	Z	对Z的综合作用
1	↓	↓	↓	↓	43	↘	↗	→	→	85	↗	↘	↑	↑
2	↓	↓	↘	↓	44	↘	↗	↗	↗	86	↗	→	↓	↘
3	↓	↓	→	↓	45	↘	↗	↑	↑	87	↗	→	↘	→
4	↓	↓	↗	↘	46	↘	↑	↓	↘	88	↗	→	→	↗
5	↓	↓	↑	→	47	↘	↑	↘	→	89	↗	→	↗	↑
6	↓	↘	↓	↓	48	↘	↑	→	↗	90	↗	→	↑	↑
7	↓	↘	↘	↓	49	↘	↑	↗	↑	91	↗	↗	↓	→
8	↓	↘	→	↓	50	↘	↑	↑	↑	92	↗	↗	↘	↗
9	↓	↘	↗	↘	51	→	↓	↓	↓	93	↗	↗	→	↑
10	↓	↘	↑	→	52	→	↓	↘	↓	94	↗	↗	↗	↑
11	↓	→	↓	↓	53	→	↓	→	↓	95	↗	↗	↑	↑
12	↓	→	↘	↓	54	→	↓	↗	↘	96	↗	↑	↓	→
13	↓	→	→	↓	55	→	↓	↑	→	97	↗	↑	↘	↗
14	↓	→	↗	↘	56	→	↘	↓	↓	98	↗	↑	→	↑
15	↓	→	↑	→	57	→	↘	↘	↓	99	↗	↑	↗	↑
16	↓	↗	↓	↓	58	→	↘	→	↘	100	↗	↑	↑	↑
17	↓	↗	↘	↓	59	→	↘	↗	→	101	↑	↓	↓	↓
18	↓	↗	→	↘	60	→	↘	↑	↗	102	↑	↓	↘	↘
19	↓	↗	↗	→	61	→	→	↓	↓	103	↑	↓	→	→
20	↓	↗	↑	↗	62	→	→	↘	↘	104	↑	↓	↗	↗
21	↓	↑	↓	↓	63	→	→	→	→	105	↑	↓	↑	↑
22	↓	↑	↘	↘	64	→	→	↗	↗	106	↑	↘	↓	↘
23	↓	↑	→	→	65	→	→	↑	↑	107	↑	↘	↘	→
24	↓	↑	↗	↗	66	→	↗	↓	↘	108	↑	↘	→	↗
25	↓	↑	↑	↑	67	→	↗	↘	→	109	↑	↘	↗	↑
26	↘	↓	↓	↓	68	→	↗	→	↗	110	↑	↘	↑	↑
27	↘	↓	↘	↓	69	→	↗	↗	↑	111	↑	→	↓	→
28	↘	↓	→	↓	70	→	↗	↑	↑	112	↑	→	↘	↗
29	↘	↓	↗	↘	71	→	↑	↓	→	113	↑	→	→	↑
30	↘	↓	↑	→	72	→	↑	↘	↗	114	↑	→	↗	↑
31	↘	↘	↓	↓	73	→	↑	→	↑	115	↑	→	↑	↑
32	↘	↘	↘	↓	74	→	↑	↗	↑	116	↑	↗	↓	→
33	↘	↘	→	↓	75	→	↑	↑	↑	117	↑	↗	↘	↗
34	↘	↘	↗	↘	76	↗	↓	↓	↓	118	↑	↗	→	↑
35	↘	↘	↑	→	77	↗	↓	↘	↓	119	↑	↗	↗	↑
36	↘	→	↓	↓	78	↗	↓	→	↘	120	↑	↗	↑	↑

表 F1-5（续）

序号	Z	Z	Z	对Z的综合作用	序号	Z	Z	Z	对Z的综合作用	序号	Z	Z	Z	对Z的综合作用
37	↘	→	↘	↓	79	↗	↓	↗	→	121	↑	↑	↓	→
38	↘	→	→	↘	80	↗	↓	↑	↗	122	↑	↑	↘	↗
39	↘	→	↗	→	81	↗	↘	↓	↓	123	↑	↑	→	↑
40	↘	→	↑	↗	82	↗	↘	↘	↘	124	↑	↑	↗	↑
41	↘	↗	↓	↓	83	↗	↘	→	→	125	↑	↑	↑	↑
42	↘	↗	↘	↘	84	↗	↘	↗	↗					

表 F1-6　通用状态转换规则表

序号	状态转换	序号	状态转换	序号	状态转换	序号	状态转换	序号	状态转换
1	⟨1,↓⟩ —↓→ ⟨1,↓⟩	26	⟨2,↓⟩ —↓→ ⟨1,↓⟩	51	⟨3,↓⟩ —↓→ ⟨2,↓⟩	76	⟨4,↓⟩ —↓→ ⟨3,↓⟩	101	⟨5,↓⟩ —↓→ ⟨4,↓⟩
2	⟨1,↓⟩ —↗→ ⟨1,↓⟩	27	⟨2,↓⟩ —↗→ ⟨1,↓⟩	52	⟨3,↓⟩ —↗→ ⟨2,↓⟩	77	⟨4,↓⟩ —↗→ ⟨3,↘⟩	102	⟨5,↓⟩ —↗→ ⟨4,↘⟩
3	⟨1,↓⟩ —→→ ⟨1,↓⟩	28	⟨2,↓⟩ —→→ ⟨1,↓⟩	53	⟨3,↓⟩ —→→ ⟨2,↓⟩	78	⟨4,↓⟩ —→→ ⟨3,↓⟩	103	⟨5,↓⟩ —→→ ⟨4,↓⟩
4	⟨1,↓⟩ —↗→ ⟨1,↘⟩	29	⟨2,↓⟩ —↗→ ⟨1,↘⟩	54	⟨3,↓⟩ —↗→ ⟨3,↘⟩	79	⟨4,↓⟩ —↗→ ⟨4,↘⟩	104	⟨5,↓⟩ —↗→ ⟨5,↘⟩
5	⟨1,↓⟩ —↑→ ⟨1,→⟩ / ⟨1,↘⟩ / ⟨1,↗⟩	30	⟨2,↓⟩ —↑→ ⟨2,→⟩ / ⟨2,↘⟩ / ⟨2,↗⟩	55	⟨3,↓⟩ —↑→ ⟨3,↗⟩ / ⟨3,→⟩ / ⟨3,↘⟩	80	⟨4,↓⟩ —↑→ ⟨4,→⟩ / ⟨4,↘⟩ / ⟨4,↗⟩	105	⟨5,↓⟩ —↑→ ⟨5,→⟩ / ⟨5,↘⟩ / ⟨5,↗⟩
6	⟨1,↘⟩ —↓→ ⟨1,↓⟩	31	⟨2,↘⟩ —↓→ ⟨1,↓⟩	56	⟨3,↘⟩ —↓→ ⟨2,↓⟩	81	⟨4,↘⟩ —↓→ ⟨3,↘⟩	106	⟨5,↘⟩ —↓→ ⟨4,↘⟩
7	⟨1,↘⟩ —↗→ ⟨1,↓⟩	32	⟨2,↘⟩ —↗→ ⟨1,↓⟩	57	⟨3,↘⟩ —↗→ ⟨2,↓⟩	82	⟨4,↘⟩ —↗→ ⟨3,→⟩	107	⟨5,↘⟩ —↗→ ⟨4,↘⟩
8	⟨1,↘⟩ —→→ ⟨1,↓⟩	33	⟨2,↘⟩ —→→ ⟨2,↓⟩	58	⟨3,↘⟩ —→→ ⟨2,→⟩	83	⟨4,↘⟩ —→→ ⟨4,↓⟩	108	⟨5,↘⟩ —→→ ⟨4,→⟩
9	⟨1,↘⟩ —↗→ ⟨1,→⟩	34	⟨2,↘⟩ —↗→ ⟨2,→⟩	59	⟨3,↘⟩ —↗→ ⟨3,→⟩	84	⟨4,↘⟩ —↗→ ⟨4,→⟩	109	⟨5,↘⟩ —↗→ ⟨5,→⟩
10	⟨1,↘⟩ —↑→ ⟨1,↗⟩	35	⟨2,↘⟩ —↑→ ⟨2,↗⟩	60	⟨3,↘⟩ —↑→ ⟨3,↗⟩	85	⟨4,↘⟩ —↑→ ⟨4,↗⟩	110	⟨5,↘⟩ —↑→ ⟨5,↗⟩

序号	状态转换	序号	状态转换	序号	状态转换	序号	状态转换	序号	状态转换
11	$\langle 1,\rightarrow\rangle \xrightarrow{\downarrow} \langle 1,\downarrow\rangle$	36	$\langle 2,\rightarrow\rangle \xrightarrow{\searrow} \langle 1,\searrow\rangle$	61	$\langle 3,\rightarrow\rangle \xrightarrow{\downarrow} \langle 3,\downarrow\rangle$	86	$\langle 4,\rightarrow\rangle \xrightarrow{\downarrow} \langle 4,\downarrow\rangle$	111	$\langle 5,\rightarrow\rangle \xrightarrow{\downarrow} \langle 5,\downarrow\rangle$
12	$\langle 1,\rightarrow\rangle \xrightarrow{\searrow} \langle 1,\searrow\rangle$	37	$\langle 2,\rightarrow\rangle \xrightarrow{\searrow} \langle 2,\searrow\rangle$	62	$\langle 3,\rightarrow\rangle \xrightarrow{\searrow} \langle 3,\searrow\rangle$	87	$\langle 4,\rightarrow\rangle \xrightarrow{\searrow} \langle 4,\searrow\rangle$	112	$\langle 5,\rightarrow\rangle \xrightarrow{\searrow} \langle 5,\searrow\rangle$
13	$\langle 1,\rightarrow\rangle \xrightarrow{\rightarrow} \langle 1,\searrow\rangle$	38	$\langle 2,\rightarrow\rangle \xrightarrow{\rightarrow} \langle 2,\searrow\rangle$	63	$\langle 3,\rightarrow\rangle \xrightarrow{\rightarrow} \langle 3,\rightarrow\rangle$	88	$\langle 4,\rightarrow\rangle \xrightarrow{\rightarrow} \langle 4,\rightarrow\rangle$	113	$\langle 5,\rightarrow\rangle \xrightarrow{\rightarrow} \langle 5,\downarrow\rangle$
14	$\langle 1,\rightarrow\rangle \xrightarrow{\nearrow} \langle 1,\nearrow\rangle$	39	$\langle 2,\rightarrow\rangle \xrightarrow{\nearrow} \langle 2,\nearrow\rangle$	64	$\langle 3,\rightarrow\rangle \xrightarrow{\nearrow} \langle 3,\nearrow\rangle$	89	$\langle 4,\rightarrow\rangle \xrightarrow{\nearrow} \langle 4,\nearrow\rangle$	114	$\langle 5,\rightarrow\rangle \xrightarrow{\nearrow} \langle 5,\nearrow\rangle$
15	$\langle 1,\rightarrow\rangle \xrightarrow{\uparrow} \langle 2,\rightarrow\rangle$	40	$\langle 2,\rightarrow\rangle \xrightarrow{\uparrow} \langle 3,\nearrow\rangle$	65	$\langle 3,\rightarrow\rangle \xrightarrow{\uparrow} \langle 3,\uparrow\rangle$	90	$\langle 4,\rightarrow\rangle \xrightarrow{\uparrow} \langle 4,\uparrow\rangle$	115	$\langle 5,\rightarrow\rangle \xrightarrow{\uparrow} \langle 5,\uparrow\rangle$
16	$\langle 1,\nearrow\rangle \xrightarrow{\downarrow} \langle 1,\searrow\rangle$	41	$\langle 2,\nearrow\rangle \xrightarrow{\downarrow} \langle 2,\searrow\rangle$	66	$\langle 3,\nearrow\rangle \xrightarrow{\downarrow} \langle 3,\searrow\rangle$	91	$\langle 4,\nearrow\rangle \xrightarrow{\downarrow} \langle 4,\searrow\rangle$	116	$\langle 5,\nearrow\rangle \xrightarrow{\downarrow} \langle 5,\searrow\rangle$
17	$\langle 1,\nearrow\rangle \xrightarrow{\searrow} \langle 1,\rightarrow\rangle$	42	$\langle 2,\nearrow\rangle \xrightarrow{\searrow} \langle 2,\rightarrow\rangle$	67	$\langle 3,\nearrow\rangle \xrightarrow{\searrow} \langle 3,\rightarrow\rangle$	92	$\langle 4,\nearrow\rangle \xrightarrow{\searrow} \langle 4,\rightarrow\rangle$	117	$\langle 5,\nearrow\rangle \xrightarrow{\searrow} \langle 5,\rightarrow\rangle$
18	$\langle 1,\nearrow\rangle \xrightarrow{\rightarrow} \langle 1,\nearrow\rangle$	43	$\langle 2,\nearrow\rangle \xrightarrow{\rightarrow} \langle 2,\nearrow\rangle$	68	$\langle 3,\nearrow\rangle \xrightarrow{\rightarrow} \langle 3,\nearrow\rangle$	93	$\langle 4,\nearrow\rangle \xrightarrow{\rightarrow} \langle 4,\nearrow\rangle$	118	$\langle 5,\nearrow\rangle \xrightarrow{\rightarrow} \langle 5,\nearrow\rangle$
19	$\langle 1,\nearrow\rangle \xrightarrow{\nearrow} \langle 2,\uparrow\rangle$	44	$\langle 2,\nearrow\rangle \xrightarrow{\nearrow} \langle 2,\rightarrow\rangle$	69	$\langle 3,\nearrow\rangle \xrightarrow{\nearrow} \langle 4,\rightarrow\rangle$	94	$\langle 4,\nearrow\rangle \xrightarrow{\nearrow} \langle 4,\uparrow\rangle$	119	$\langle 5,\nearrow\rangle \xrightarrow{\nearrow} \langle 5,\uparrow\rangle$
20	$\langle 1,\nearrow\rangle \xrightarrow{\uparrow} \langle 2,\nearrow\rangle$	45	$\langle 2,\nearrow\rangle \xrightarrow{\uparrow} \langle 3,\nearrow\rangle$	70	$\langle 3,\nearrow\rangle \xrightarrow{\uparrow} \langle 4,\nearrow\rangle$	95	$\langle 4,\nearrow\rangle \xrightarrow{\uparrow} \langle 5,\nearrow\rangle$	120	$\langle 5,\nearrow\rangle \xrightarrow{\uparrow} \langle 5,\uparrow\rangle$
21	$\langle 1,\uparrow\rangle \xrightarrow{\downarrow} \langle 1,\rightarrow\rangle$ $\langle 1,\searrow\rangle$ $\langle 1,\nearrow\rangle$	46	$\langle 2,\uparrow\rangle \xrightarrow{\downarrow} \langle 2,\rightarrow\rangle$ $\langle 2,\searrow\rangle$ $\langle 2,\nearrow\rangle$	71	$\langle 3,\uparrow\rangle \xrightarrow{\downarrow} \langle 3,\rightarrow\rangle$ $\langle 3,\searrow\rangle$ $\langle 3,\nearrow\rangle$	96	$\langle 4,\uparrow\rangle \xrightarrow{\downarrow} \langle 4,\rightarrow\rangle$ $\langle 4,\searrow\rangle$ $\langle 4,\nearrow\rangle$	121	$\langle 5,\uparrow\rangle \xrightarrow{\downarrow} \langle 5,\rightarrow\rangle$ $\langle 5,\searrow\rangle$ $\langle 5,\nearrow\rangle$
22	$\langle 1,\uparrow\rangle \xrightarrow{\searrow} \langle 1,\nearrow\rangle$	47	$\langle 2,\uparrow\rangle \xrightarrow{\searrow} \langle 2,\nearrow\rangle$	72	$\langle 3,\uparrow\rangle \xrightarrow{\searrow} \langle 3,\nearrow\rangle$	97	$\langle 4,\uparrow\rangle \xrightarrow{\searrow} \langle 5,\rightarrow\rangle$	122	$\langle 5,\uparrow\rangle \xrightarrow{\searrow} \langle 5,\nearrow\rangle$
23	$\langle 1,\uparrow\rangle \xrightarrow{\rightarrow} \langle 2,\rightarrow\rangle$	48	$\langle 2,\uparrow\rangle \xrightarrow{\rightarrow} \langle 3,\rightarrow\rangle$	73	$\langle 3,\uparrow\rangle \xrightarrow{\rightarrow} \langle 4,\nearrow\rangle$	98	$\langle 4,\uparrow\rangle \xrightarrow{\rightarrow} \langle 5,\nearrow\rangle$	123	$\langle 5,\uparrow\rangle \xrightarrow{\rightarrow} \langle 5,\uparrow\rangle$
24	$\langle 1,\uparrow\rangle \xrightarrow{\nearrow} \langle 2,\nearrow\rangle$	49	$\langle 2,\uparrow\rangle \xrightarrow{\nearrow} \langle 3,\nearrow\rangle$	74	$\langle 3,\uparrow\rangle \xrightarrow{\nearrow} \langle 4,\nearrow\rangle$	99	$\langle 4,\uparrow\rangle \xrightarrow{\nearrow} \langle 5,\nearrow\rangle$	124	$\langle 5,\uparrow\rangle \xrightarrow{\nearrow} \langle 5,\uparrow\rangle$
25	$\langle 1,\uparrow\rangle \xrightarrow{\uparrow} \langle 2,\uparrow\rangle$	50	$\langle 2,\uparrow\rangle \xrightarrow{\uparrow} \langle 3,\uparrow\rangle$	75	$\langle 3,\uparrow\rangle \xrightarrow{\uparrow} \langle 4,\uparrow\rangle$	100	$\langle 4,\uparrow\rangle \xrightarrow{\uparrow} \langle 5,\uparrow\rangle$	125	$\langle 5,\uparrow\rangle \xrightarrow{\uparrow} \langle 5,\uparrow\rangle$

附录 2 模拟结果

表 F2-1 所有方案模拟结果汇总表

单位:/%

方案	定性值	变量																		
		Z_1	Z_2	Z_3	Z_4	Z_5	Z_6	Z_7	Z_8	Z_9	Z_{10}	Z_{11}	Z_{12}	Z_{13}	Z_{14}	Z_{15}	Z_{16}	Z_{17}	Z_{18}	Z_{19}
1	1	94.70	96.30	99.20	99.70	98.60	97.50	98.10	97.90	99.80	94.40	99.90	97.89	94.00	94.30	99.20	98.40	99.10	98.90	99.40
	2	0.70	0.30	0.30	0.00	0.20	1.60	0.80	1.10	0.10	1.00	0.00	1.11	1.00	4.70	0.10	0.10	0.20	0.10	0.10
	3	1.10	1.90	0.10	0.10	0.10	0.70	0.60	0.50	0.10	1.20	0.00	0.50	0.00	0.50	0.00	0.90	0.60	1.00	0.20
	4	2.20	0.60	0.30	0.00	0.00	0.20	0.20	0.20	0.00	1.90	0.10	0.20	5.00	0.30	0.10	0.20	0.10	0.00	0.10
	5	1.30	0.90	0.10	0.20	1.10	0.00	0.30	0.30	0.00	1.50	0.00	0.30	0.00	0.20	0.60	0.40	0.00	0.00	0.20
2	1	66.10	70.10	47.30	40.20	74.00	73.70	38.00	53.00	39.20	57.00	49.00	44.00	45.00	55.00	43.00	67.50	48.10	52.50	49.60
	2	1.00	4.00	3.90	6.90	3.00	0.00	1.00	0.00	11.80	3.00	3.00	5.00	1.00	5.00	6.00	2.00	1.00	3.70	0.00
	3	18.90	15.90	28.80	31.00	14.00	11.30	33.00	5.00	20.10	20.00	29.00	6.00	12.00	2.00	2.00	4.50	14.10	13.40	22.50
	4	7.00	4.00	10.00	12.90	6.00	7.90	5.00	4.00	10.00	8.00	9.00	4.00	3.00	9.00	19.00	12.00	12.00	3.00	7.20
	5	7.00	6.00	10.00	9.00	3.00	7.10	23.00	38.00	18.90	12.00	10.00	41.00	39.00	29.00	30.00	14.00	24.80	27.40	20.70
3	1	4.10	2.60	0.30	0.00	0.10	0.10	0.60	15.00	4.50	0.30	0.20	0.70	10.00	2.00	83.20	0.10	0.10	0.50	1.10
	2	0.10	1.20	0.30	0.00	2.60	0.10	0.03	0.00	0.40	0.30	0.40	0.40	2.00	4.00	1.90	0.00	0.00	2.00	0.30
	3	4.80	2.90	0.60	0.10	0.90	0.20	0.50	0.00	5.10	0.30	1.00	0.50	3.00	1.00	3.20	0.10	0.90	1.40	2.10
	4	6.00	0.20	2.50	0.20	0.30	0.90	0.50	1.00	3.90	0.90	0.60	0.40	2.00	6.00	5.60	0.20	5.20	0.70	2.80
	5	85.00	93.10	96.30	99.70	96.10	98.70	98.87	84.00	86.10	98.20	97.80	98.00	83.00	87.00	6.10	99.60	93.80	95.40	93.70

表F2-1(续)

方案	定性值	变量																		
		Z_1	Z_2	Z_3	Z_4	Z_5	Z_6	Z_7	Z_8	Z_9	Z_{10}	Z_{11}	Z_{12}	Z_{13}	Z_{14}	Z_{15}	Z_{16}	Z_{17}	Z_{18}	Z_{19}
4	1	5.50	13.90	7.00	8.00	7.00	0.10	3.00	4.00	2.00	2.00	1.00	0.00	4.00	14.00	7.00	6.00	2.00	0.50	11.00
	2	2.60	2.30	1.00	4.00	1.00	2.80	2.00	1.00	1.60	2.00	0.00	6.00	0.00	3.00	3.00	1.00	2.00	2.00	0.00
	3	6.02	7.70	10.00	10.00	8.00	1.90	1.00	1.20	0.00	16.00	9.00	10.00	14.00	4.00	4.00	2.00	3.00	1.10	2.00
	4	6.38	5.20	8.00	5.00	4.00	4.50	2.00	1.00	3.00	5.00	11.00	6.00	3.00	6.00	8.00	1.00	8.00	0.50	1.00
	5	79.50	70.90	74.00	73.00	80.00	90.70	92.00	92.80	93.40	75.00	79.00	78.00	79.00	73.00	78.00	90.00	85.00	95.90	86.00
5	1	0.00	1.00	0.90	1.00	1.00	5.70	7.80	0.00	1.00	1.00	2.00	4.00	4.90	5.00	4.00	0.90	2.70	0.00	2.00
	2	0.00	4.00	4.00	2.00	1.00	0.00	4.00	4.00	4.00	1.00	0.00	1.00	4.00	4.00	2.00	1.00	1.00	1.00	0.00
	3	6.00	5.00	6.00	2.00	4.00	7.00	5.00	6.00	0.30	4.00	2.00	8.00	2.00	6.00	5.00	2.00	1.00	1.90	3.00
	4	6.00	7.00	6.00	1.00	6.00	3.00	0.00	5.40	7.00	7.00	12.10	1.00	6.00	3.00	2.00	1.00	3.00	1.00	3.00
	5	88.00	83.00	83.10	94.00	88.00	84.30	83.20	84.60	86.70	87.00	83.90	86.00	83.10	82.00	87.00	95.10	92.30	96.10	92.00
6	1	4.00	3.00	1.90	4.00	4.00	7.80	3.00	3.00	8.00	1.30	1.00	2.00	3.00	2.50	1.00	0.00	59.00	1.00	3.00
	2	3.00	1.00	2.00	2.00	2.30	0.00	3.00	6.00	2.00	1.00	4.00	2.00	2.00	2.00	1.00	1.00	4.00	1.00	3.00
	3	3.40	1.30	7.00	6.40	4.00	5.00	4.00	3.00	3.00	2.00	9.60	3.00	2.00	1.00	3.00	5.00	1.00	1.00	8.00
	4	7.00	12.00	5.00	4.00	7.00	4.00	7.50	4.00	2.00	13.00	2.00	10.60	2.00	2.00	2.00	3.00	2.00	1.20	3.00
	5	82.60	82.70	84.10	83.60	82.70	83.20	82.50	84.00	85.00	82.70	83.40	82.40	91.00	92.50	93.00	39.00	34.00	95.80	83.00
7	1	0.00	6.00	0.00	3.00	4.00	3.00	1.00	3.00	8.00	2.00	4.00	0.00	4.00	0.00	0.00	0.00	0.00	0.00	3.00
	2	0.20	2.00	0.00	1.00	2.00	0.00	0.00	0.00	0.00	2.20	1.00	2.00	0.00	1.00	0.00	1.00	1.00	0.00	0.00
	3	3.00	4.00	1.00	1.00	2.00	2.00	3.00	0.00	3.00	1.00	0.00	1.20	1.00	2.00	7.00	0.00	0.00	0.10	0.00
	4	9.00	1.00	1.00	2.00	1.00	1.00	3.00	1.00	3.00	2.00	3.00	2.10	0.00	2.00	2.50	0.00	0.60	0.00	1.00
	5	87.80	87.00	88.00	93.00	93.00	94.00	93.00	96.00	88.00	92.80	92.00	94.70	95.00	95.00	90.50	99.00	98.40	99.90	96.00

表F2-1（续）

方案	定性值	变量																			
		Z_1	Z_2	Z_3	Z_4	Z_5	Z_6	Z_7	Z_8	Z_9	Z_{10}	Z_{11}	Z_{12}	Z_{13}	Z_{14}	Z_{15}	Z_{16}	Z_{17}	Z_{18}	Z_{19}
8	1	47.60	46.00	48.00	68.90	68.50	85.00	52.90	69.30	68.80	67.40	68.50	64.40	68.80	68.30	59.00	59.60	59.70	60.80	68.60
	2	1.00	12.00	10.00	3.00	1.00	3.00	5.00	3.00	1.00	1.00	1.00	4.00	2.00	1.00	1.00	0.00	3.00	17.10	4.00
	3	34.00	27.60	10.00	22.00	22.00	4.00	17.00	23.70	21.20	22.60	17.50	7.60	21.20	25.00	34.00	38.40	31.30	7.10	22.00
	4	1.40	4.40	4.00	0.10	2.50	3.00	3.00	0.00	4.00	6.00	4.00	3.00	1.00	1.00	4.00	1.00	4.00	7.40	0.40
	5	16.00	10.00	28.00	6.00	6.00	5.00	22.10	4.00	5.00	3.00	9.00	21.00	7.00	4.70	2.00	1.00	2.00	7.60	5.00
9	1	62.60	62.70	63.90	53.00	52.70	78.90	78.50	79.80	75.30	63.10	64.10	64.40	64.80	65.60	65.30	69.40	79.20	69.60	69.20
	2	4.00	2.00	4.00	4.00	1.00	2.00	1.00	0.00	0.00	1.00	3.00	1.20	4.00	4.00	3.00	2.00	1.00	1.00	1.00
	3	29.00	24.50	21.40	9.00	25.00	10.10	8.50	18.20	19.30	27.30	26.90	26.20	14.00	8.00	5.00	24.20	19.00	28.40	24.80
	4	1.70	9.00	7.40	7.00	4.00	5.00	5.00	2.00	4.00	6.00	3.00	8.00	5.00	1.40	4.00	2.40	0.80	0.00	2.00
	5	2.70	1.80	3.30	27.00	18.00	4.00	7.00	0.00	1.40	2.60	3.00	0.20	12.20	21.00	22.70	2.00	0.00	1.00	3.00
10	1	62.90	63.20	54.50	61.30	63.00	64.00	65.30	64.60	71.70	62.50	63.30	64.80	64.30	65.30	66.50	61.70	58.60	61.00	62.00
	2	2.00	1.00	1.00	11.00	0.00	1.00	2.00	1.00	4.00	0.00	3.00	2.20	4.00	3.00	3.00	1.00	3.00	1.00	1.80
	3	26.10	30.00	21.00	16.40	31.00	17.00	20.70	8.00	15.30	30.30	21.70	17.00	13.00	4.00	4.00	33.00	5.00	2.00	12.60
	4	4.00	3.80	6.00	1.00	4.00	5.00	6.00	3.00	2.00	6.00	3.00	3.00	4.00	6.00	4.00	1.90	2.40	1.00	5.00
	5	5.00	59.20	54.20	10.30	2.00	13.00	6.00	23.40	7.00	1.00	9.00	13.00	14.70	21.70	22.50	2.40	31.00	35.00	18.60
11	1	60.30	59.20	54.20	54.30	63.00	69.30	62.60	67.40	66.40	63.00	61.80	62.40	64.50	64.60	64.30	65.40	64.70	64.90	54.60
	2	0.00	2.00	6.00	5.00	1.00	3.00	5.00	3.00	1.50	3.00	3.00	0.00	3.50	0.00	2.00	1.00	0.30	1.00	1.00
	3	31.00	30.80	19.50	19.00	26.00	14.70	20.00	14.00	18.00	27.00	26.00	12.60	29.00	25.40	24.70	31.60	32.00	32.00	3.00
	4	2.00	5.00	7.00	4.70	7.00	5.00	3.40	4.60	2.00	2.00	6.20	4.00	2.00	6.00	4.00	1.00	1.00	1.00	3.00
	5	6.70	3.00	13.30	17.00	3.00	8.00	9.00	11.00	12.10	5.00	3.00	21.00	1.00	4.00	5.00	1.00	2.00	1.10	38.40

表F2-1（续）

方案	定性值	Z_1	Z_2	Z_3	Z_4	Z_5	Z_6	Z_7	Z_8	Z_9	Z_{10}	Z_{11}	Z_{12}	Z_{13}	Z_{14}	Z_{15}	Z_{16}	Z_{17}	Z_{18}	Z_{19}
12	1	10.00	10.30	9.00	18.60	16.00	9.00	15.00	16.00	14.00	16.00	20.00	11.00	23.00	22.00	13.00	11.00	15.00	10.00	1.00
	2	2.00	1.00	2.00	0.00	4.00	2.00	0.00	2.00	1.00	2.00	0.00	1.00	0.00	3.00	1.00	2.00	0.50	0.20	2.00
	3	8.50	5.00	7.80	7.60	5.80	2.00	4.50	11.00	12.00	5.10	8.30	10.50	4.50	1.00	12.20	11.70	9.00	14.10	23.80
	4	3.00	6.00	6.00	3.00	4.00	15.70	7.00	0.00	2.00	6.00	1.00	6.10	2.00	3.00	3.00	0.00	3.00	0.10	2.00
	5	76.50	77.70	75.20	70.80	70.20	71.30	73.50	71.00	71.00	70.90	70.70	71.40	70.50	71.00	70.80	75.30	72.50	75.60	71.20
13	1	15.00	11.00	11.00	7.00	8.00	11.00	3.00	12.60	0.50	16.00	8.00	10.00	5.00	9.00	15.00	18.00	16.00	19.00	18.60
	2	1.00	1.00	1.00	2.00	1.00	1.00	0.00	2.00	4.00	2.00	2.00	4.00	0.00	1.00	3.00	0.30	0.00	3.00	1.00
	3	4.00	11.00	11.00	21.00	11.00	16.30	19.20	14.00	21.20	8.00	11.00	10.40	24.90	6.00	2.00	4.00	10.10	6.50	15.80
	4	3.00	1.00	2.00	1.00	2.00	1.40	6.90	1.00	4.00	7.00	0.00	1.00	1.00	6.00	3.00	7.00	0.00	1.00	6.00
	5	77.00	76.00	75.00	69.00	78.00	70.30	70.90	70.40	70.30	67.00	79.00	74.60	69.10	78.00	77.00	70.70	72.90	70.50	58.60
14	1	11.00	7.00	10.00	19.00	5.00	2.00	10.00	1.00	1.00	10.00	7.00	9.00	5.00	8.00	15.00	1.00	5.00	6.00	1.00
	2	2.00	0.00	1.00	2.00	1.00	0.00	0.00	0.00	0.00	2.00	0.00	2.00	1.00	2.00	1.00	0.00	0.10	3.00	0.00
	3	5.30	2.00	0.00	9.30	13.70	28.20	2.00	20.10	20.00	5.00	13.90	10.40	11.00	1.00	3.00	21.90	14.00	10.00	21.10
	4	6.00	3.00	0.00	1.00	1.00	0.00	10.00	0.00	0.00	4.00	0.00	4.00	11.00	4.00	5.00	0.00	2.00	4.00	1.00
	5	75.70	88.00	88.00	70.70	79.30	69.80	78.00	78.90	79.00	79.00	79.10	74.60	72.00	85.00	76.00	77.10	78.90	77.00	76.90
15	1	20.00	12.00	17.00	10.00	12.00	3.00	11.00	1.00	2.00	16.00	11.00	11.00	15.00	13.00	7.00	2.00	5.00	7.00	1.00
	2	5.00	3.00	1.00	2.00	1.00	0.00	2.00	1.00	2.00	3.00	4.00	0.00	3.00	2.00	1.00	2.00	2.00	2.00	0.00
	3	3.00	7.00	1.00	12.00	1.00	25.60	9.00	28.20	11.10	3.00	0.00	3.00	5.00	6.00	11.50	19.90	19.60	12.40	20.00
	4	9.00	4.00	4.00	1.00	2.00	1.90	4.00	6.00	6.00	7.00	2.00	2.00	4.00	6.00	7.00	3.00	2.00	5.00	1.00
	5	63.00	74.00	77.00	75.00	84.00	69.50	74.00	69.80	78.90	71.00	83.00	84.00	73.00	74.00	73.50	73.10	73.40	73.60	78.00

变量

表F2-1（续）

方案	定性值	Z_1	Z_2	Z_3	Z_4	Z_5	Z_6	Z_7	Z_8	Z_9	Z_{10}	Z_{11}	Z_{12}	Z_{13}	Z_{14}	Z_{15}	Z_{16}	Z_{17}	Z_{18}	Z_{19}
16	1	85.20	86.80	74.60	85.00	91.30	92.00	73.80	94.90	90.70	65.30	82.10	86.00	85.00	96.00	92.00	92.30	93.10	92.50	89.70
	2	3.80	3.20	4.10	2.00	3.00	2.00	2.00	5.10	6.30	3.00	1.00	3.00	0.00	0.00	3.00	2.90	1.70	7.50	8.30
	3	1.90	2.00	3.40	2.00	3.70	2.00	3.60	0.00	0.00	4.00	1.90	2.00	1.00	1.00	2.00	4.10	5.20	0.00	1.00
	4	5.10	6.00	2.20	0.00	1.00	0.00	4.00	0.00	2.00	8.00	0.00	2.00	1.00	2.00	1.00	0.70	0.00	0.00	0.00
	5	4.00	2.00	15.70	11.00	1.00	4.00	16.60	0.00	1.00	19.70	15.00	7.00	13.00	1.00	2.00	0.00	0.00	0.00	1.00
17	1	1.10	9.00	13.00	8.00	8.00	18.00	1.70	2.80	1.00	11.60	9.00	3.50	5.00	1.10	2.40	0.40	0.30	0.00	2.10
	2	1.00	1.00	2.00	1.00	3.00	1.00	1.00	4.00	0.10	1.00	2.00	9.00	1.00	1.00	3.00	0.10	0.10	0.00	7.00
	3	3.40	2.00	0.00	1.00	2.00	1.00	3.70	2.30	2.40	6.00	0.00	1.80	2.00	5.10	3.00	0.90	0.90	9.00	2.30
	4	7.00	1.00	0.00	2.00	0.00	0.00	7.00	7.60	4.00	6.00	3.00	2.80	3.00	5.00	6.10	8.00	8.80	0.70	4.70
	5	87.50	87.00	85.00	88.00	87.00	80.00	86.60	83.30	92.50	75.40	89.00	82.90	89.00	87.80	85.50	90.60	89.90	90.30	83.90
18	1	90.90	90.30	94.10	93.00	88.00	94.80	91.10	91.80	95.40	94.80	91.00	91.80	95.00	89.30	91.90	92.60	93.70	93.30	94.70
	2	1.00	3.00	1.00	1.00	2.00	4.20	0.00	6.20	1.00	1.00	0.00	3.00	1.00	3.00	4.00	4.00	1.00	3.40	3.00
	3	6.00	2.00	1.00	0.00	2.00	0.00	5.00	0.00	2.00	3.00	3.00	2.00	0.00	3.00	1.00	2.00	1.30	2.00	0.00
	4	1.50	1.00	1.00	1.00	4.00	1.00	2.80	2.00	0.40	1.00	0.00	0.20	0.00	3.00	3.00	0.00	3.00	0.00	2.00
	5	0.60	3.70	2.90	5.00	4.00	1.00	1.10	0.00	1.20	2.20	6.00	3.00	4.00	1.70	0.10	1.40	1.00	1.30	0.30
19	1	46.30	49.60	44.90	42.20	43.30	45.10	43.70	43.80	43.90	42.40	43.10	43.50	47.00	40.30	43.40	47.60	47.40	47.80	43.30
	2	7.10	2.00	4.10	3.00	3.00	4.00	4.00	7.00	2.00	4.00	2.30	13.00	3.00	5.00	5.00	9.00	3.00	15.70	5.00
	3	15.30	22.40	28.30	22.90	23.70	19.70	25.10	30.40	34.10	16.60	19.30	20.50	3.00	15.40	21.30	23.40	23.00	22.00	27.70
	4	18.50	13.70	10.70	11.90	13.00	16.40	14.00	5.00	5.00	16.00	20.10	8.00	13.00	4.00	3.30	4.00	4.00	9.00	9.00
	5	12.80	12.30	12.00	20.00	17.00	14.80	13.20	13.80	15.00	21.00	15.20	15.00	34.00	35.30	27.00	16.00	22.60	5.50	15.00

变量

群体安全行为态势模拟及预警方法研究

表F2-1（续）

方案	定性值	Z_1	Z_2	Z_3	Z_4	Z_5	Z_6	Z_7	Z_8	Z_9	Z_{10}	Z_{11}	Z_{12}	Z_{13}	Z_{14}	Z_{15}	Z_{16}	Z_{17}	Z_{18}	Z_{19}
20	1	0.00	0.00	0.70	0.20	0.60	1.00	0.10	1.00	1.00	1.50	0.60	0.70	0.00	0.50	0.50	0.00	0.00	0.00	1.00
	2	0.00	0.00	0.00	0.00	0.10	0.00	0.30	0.00	0.00	0.00	0.20	0.00	0.00	0.00	0.00	0.00	0.00	0.00	0.00
	3	0.10	0.00	0.20	0.10	2.00	1.00	0.30	0.00	0.00	0.40	1.10	0.20	1.20	2.00	0.10	0.00	0.00	0.00	1.00
	4	1.80	1.20	0.20	3.30	0.00	1.00	2.20	0.00	1.00	0.30	2.00	2.10	3.50	1.20	4.20	0.10	0.50	0.02	0.00
	5	98.10	98.80	98.90	96.40	97.30	97.00	97.10	99.00	98.00	97.80	96.10	97.00	95.30	96.30	95.20	99.90	99.50	99.98	98.00
21	1	76.00	78.00	72.20	77.00	78.00	79.60	82.00	81.00	72.50	78.00	82.00	80.80	80.50	74.00	73.50	77.10	77.70	77.50	73.40
	2	1.00	1.00	10.00	0.00	2.00	16.00	4.00	1.00	17.90	0.00	1.00	8.20	6.50	3.00	12.90	3.00	13.70	12.40	13.60
	3	2.00	0.00	3.00	2.00	1.00	0.40	2.00	2.00	5.00	2.00	2.00	2.00	1.00	2.00	10.00	10.10	1.00	2.00	5.00
	4	3.00	4.00	4.00	3.00	5.00	0.00	1.00	3.00	3.00	5.00	3.00	0.00	2.00	4.00	2.00	3.00	1.00	1.00	2.00
	5	18.00	17.00	10.80	18.00	14.00	4.00	11.00	13.00	1.60	15.00	12.00	9.00	10.00	17.00	1.60	6.80	6.60	7.10	6.00

单位：%

表F2-2　所有方案各因素影响程度汇总表

方案	Z_1	Z_2	Z_3	Z_4	Z_5	Z_6	Z_7	Z_8	Z_9	Z_{10}	Z_{11}	Z_{12}	Z_{13}	Z_{14}	Z_{15}	Z_{16}	Z_{17}	Z_{19}
1	95.75	97.37	99.70	99.19	99.70	98.58	99.19	98.99	99.09	95.45	98.99	98.98	95.05	95.35	99.70	99.49	99.80	99.49
2	74.10	66.48	90.10	76.57	59.05	59.62	72.38	99.05	74.67	91.43	93.33	83.81	85.71	95.24	81.90	71.43	91.62	100.00
3	89.10	97.59	99.06	95.49	99.27	96.54	96.36	88.05	90.25	97.06	97.48	97.27	87.00	91.19	6.39	95.60	98.32	98.22
4	82.90	73.93	77.16	76.12	83.42	94.58	95.93	96.77	97.39	78.21	82.38	81.33	82.38	76.12	81.33	93.85	88.63	89.68
5	91.57	86.37	86.47	97.81	91.57	87.72	86.58	88.03	90.22	90.53	87.30	89.49	86.47	85.33	90.53	98.96	96.05	95.73
6	86.22	86.33	87.79	87.27	86.33	86.85	86.12	87.68	88.73	86.33	87.06	86.01	94.99	96.56	97.08	40.71	35.49	86.64
7	87.89	87.09	88.09	93.09	93.09	94.09	93.09	96.10	88.09	92.89	92.09	94.79	95.10	95.10	90.59	99.10	98.50	96.10
8	78.29	75.66	78.95	86.68	87.34	60.20	87.01	86.02	86.84	89.14	87.34	94.08	86.84	87.66	97.04	98.03	98.19	87.17
9	89.94	90.09	91.81	76.15	75.72	86.64	87.21	85.34	91.81	90.66	92.10	92.53	93.10	94.25	93.82	99.71	86.21	99.43
10	96.89	96.39	89.34	99.51	96.72	95.08	92.95	94.10	82.46	97.54	96.23	93.77	94.59	92.95	90.98	98.85	96.07	98.36
11	92.11	91.22	83.51	83.67	97.07	93.22	96.46	96.15	97.69	97.07	95.22	96.15	99.38	99.54	99.08	99.23	99.69	84.13
12	96.90	97.22	99.47	93.65	92.86	94.31	97.22	93.92	93.92	93.78	93.52	94.44	93.25	93.92	93.65	99.60	95.90	94.18
13	90.78	92.20	93.62	97.87	89.36	99.72	99.43	99.86	99.72	95.04	87.94	94.18	98.01	89.36	90.78	99.72	96.60	83.12
14	98.31	85.71	85.71	91.82	97.01	90.65	98.70	97.53	97.40	97.40	97.27	96.88	93.51	89.61	98.70	99.87	97.53	99.87
15	85.60	99.46	95.38	98.10	85.87	94.43	99.46	94.84	92.80	96.47	87.23	85.87	99.18	99.46	99.86	99.32	99.73	94.02
16	92.11	93.84	80.65	91.89	98.70	99.46	79.78	97.41	98.05	70.59	88.76	92.97	91.89	96.22	99.08	99.78	99.35	100.00
17	96.90	96.35	94.13	97.45	96.35	88.59	95.90	92.25	97.56	83.50	98.56	91.81	98.56	97.23	94.68	99.67	99.56	92.91
18	97.43	96.78	99.14	99.68	94.32	98.39	97.64	98.39	97.75	98.39	97.53	98.39	98.18	95.71	98.50	99.25	99.57	98.50
19	96.86	96.23	93.93	88.28	90.59	94.35	91.42	91.63	91.84	88.70	90.17	91.00	98.33	84.31	90.79	99.58	99.16	100.00
20	98.12	98.82	98.92	96.42	97.32	97.02	97.12	99.02	98.02	97.82	96.12	97.02	95.32	96.32	95.22	99.92	99.52	98.02
21	98.06	99.35	93.16	99.35	99.35	97.29	94.19	95.48	93.55	99.35	94.19	95.74	96.13	95.48	94.84	99.48	99.74	94.71

注：Z_{18} 表示图3-16煤矿职工群体安全行为模型中的群体安全行为，是模型的最终分析结果，不在汇总范围之内，因此未在表中列出。

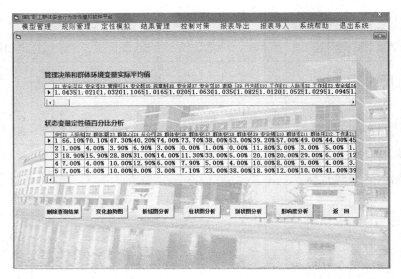

图 F2-1　方案 2 模拟结果统计

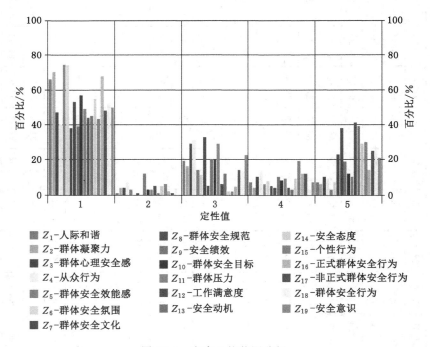

图 F2-2　方案 2 柱状图分析

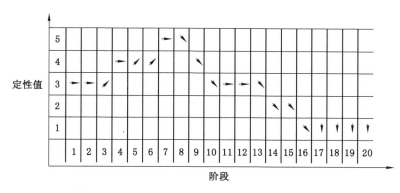

图 F2-3　方案 2 群体安全行为变化趋势图

表 F2-3　方案 2 各要素影响程度汇总表

变量	影响程度/%	变量	影响程度/%	变量	影响程度/%	变量	影响程度/%
Z_1	74.10	Z_6	59.62	Z_{11}	93.33	Z_{16}	71.43
Z_2	66.48	Z_7	72.38	Z_{12}	83.81	Z_{17}	91.62
Z_3	90.10	Z_8	99.05	Z_{13}	85.71	Z_{18}	100.00
Z_4	76.57	Z_9	74.67	Z_{14}	95.24	Z_{19}	94.48
Z_5	59.05	Z_{10}	91.43	Z_{15}	81.90		

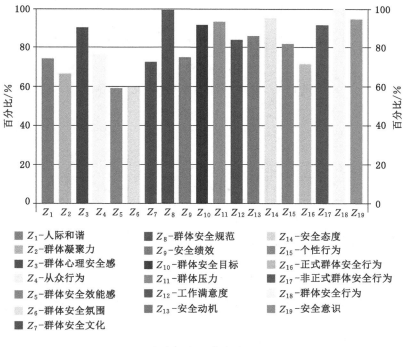

Z_1-人际和谐	Z_8-群体安全规范	Z_{14}-安全态度
Z_2-群体凝聚力	Z_9-安全绩效	Z_{15}-个性行为
Z_3-群体心理安全感	Z_{10}-群体安全目标	Z_{16}-正式群体安全行为
Z_4-从众行为	Z_{11}-群体压力	Z_{17}-非正式群体安全行为
Z_5-群体安全效能感	Z_{12}-工作满意度	Z_{18}-群体安全行为
Z_6-群体安全氛围	Z_{13}-安全动机	Z_{19}-安全意识
Z_7-群体安全文化		

图 F2-4　方案 2 各要素影响程度柱状图

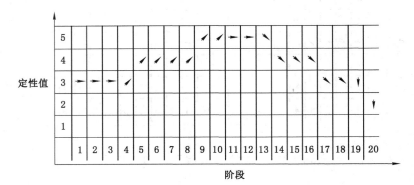

图 F2-5　方案 3 群体安全行为变化趋势图

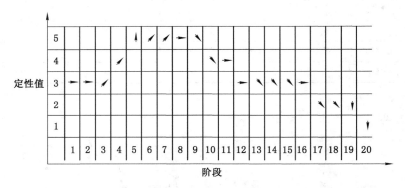

图 F2-6　方案 4 群体安全行为变化趋势图

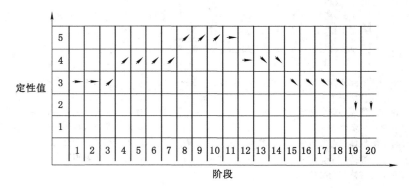

图 F2-7　方案 5 群体安全行为变化趋势图

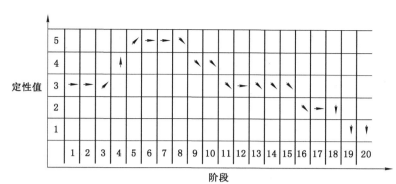

图 F2-8　方案 6 群体安全行为变化趋势图

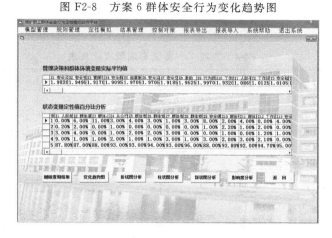

图 F2-9　方案 7 模拟结果统计

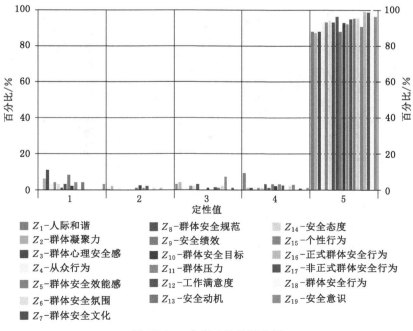

Z₁-人际和谐 列表略

Z_1-人际和谐　　　　Z_8-群体安全规范　　　　Z_{14}-安全态度

Z_2-群体凝聚力　　　Z_9-安全绩效　　　　　Z_{15}-个性行为

Z_3-群体心理安全感　Z_{10}-群体安全目标　　　Z_{16}-正式群体安全行为

Z_4-从众行为　　　　Z_{11}-群体压力　　　　　Z_{17}-非正式群体安全行为

Z_5-群体安全效能感　Z_{12}-工作满意度　　　　Z_{18}-群体安全行为

Z_6-群体安全氛围　　Z_{13}-安全动机　　　　　Z_{19}-安全意识

Z_7-群体安全文化

图 F2-10　方案 7 柱状图分析

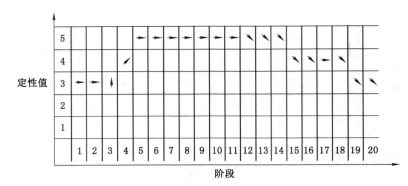

图 F2-11　方案 7 群体安全行为变化趋势图

表 F2-4　方案 7 各要素影响程度汇总表

变量	影响程度/%	变量	影响程度/%	变量	影响程度/%	变量	影响程度/%
Z_1	87.89	Z_6	94.09	Z_{11}	92.09	Z_{16}	99.10
Z_2	87.09	Z_7	93.09	Z_{12}	94.79	Z_{17}	98.50
Z_3	88.09	Z_8	96.10	Z_{13}	95.10	Z_{18}	100.00
Z_4	93.09	Z_9	88.09	Z_{14}	95.10	Z_{19}	96.10
Z_5	93.09	Z_{10}	92.89	Z_{15}	90.59		

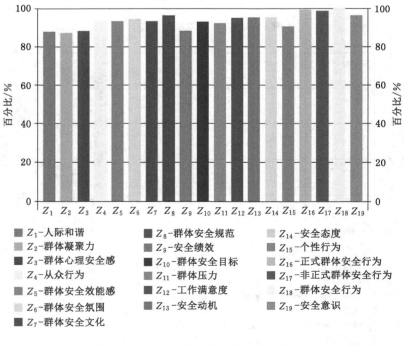

Z_1-人际和谐　　Z_8-群体安全规范　　Z_{14}-安全态度
Z_2-群体凝聚力　　Z_9-安全绩效　　Z_{15}-个性行为
Z_3-群体心理安全感　　Z_{10}-群体安全目标　　Z_{16}-正式群体安全行为
Z_4-从众行为　　Z_{11}-群体压力　　Z_{17}-非正式群体安全行为
Z_5-群体安全效能感　　Z_{12}-工作满意度　　Z_{18}-群体安全行为
Z_6-群体安全氛围　　Z_{13}-安全动机　　Z_{19}-安全意识
Z_7-群体安全文化

图 F2-12　方案 7 中各要素影响程度柱状图

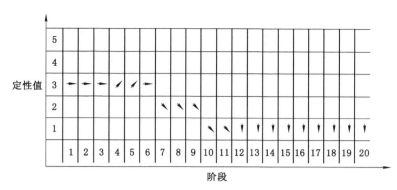

图 F2-13　方案 8 群体安全行为变化趋势图

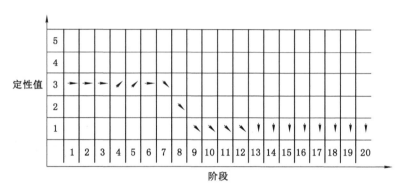

图 F2-14　方案 9 群体安全行为变化趋势图

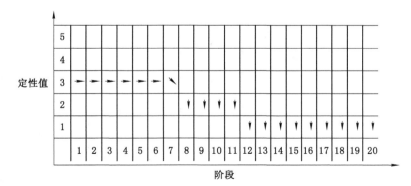

图 F2-15　方案 10 群体安全行为变化趋势图

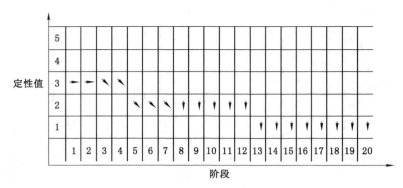

图 F2-16　方案 11 群体安全行为变化趋势图

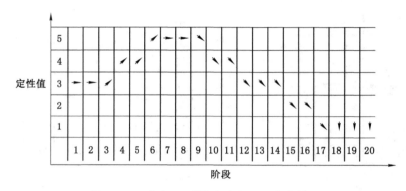

图 F2-17　方案 12 群体安全行为变化趋势图

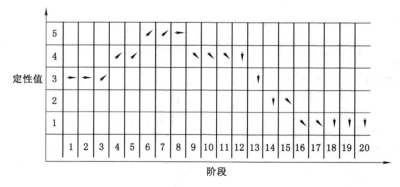

图 F2-18　方案 13 群体安全行为变化趋势图

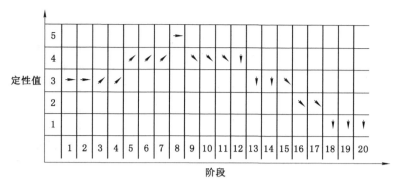

图 F2-19　方案 14 群体安全行为变化趋势图

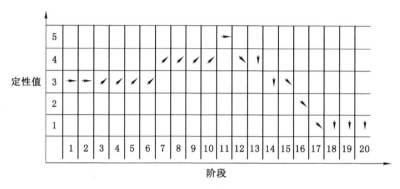

图 F2-20　方案 15 群体安全行为变化趋势图

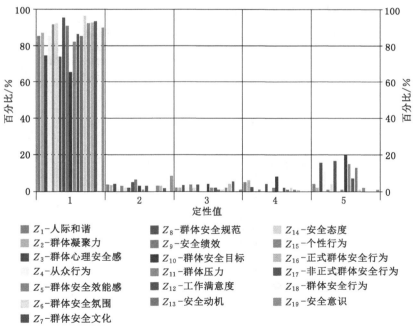

图 F2-21　方案 16 柱状图分析

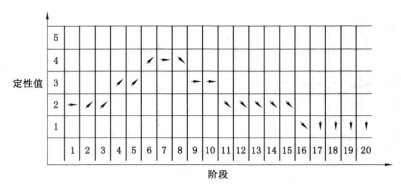

图 F2-22　方案 16 群体安全行为变化趋势图

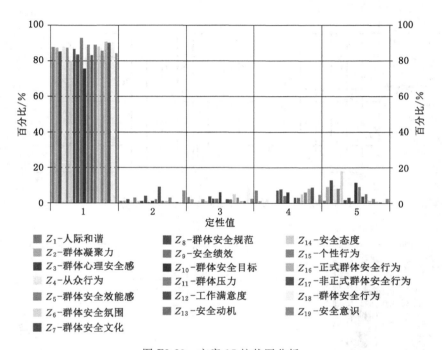

Z_1-人际和谐	Z_8-群体安全规范
Z_2-群体凝聚力	Z_9-安全绩效
Z_3-群体心理安全感	Z_{10}-群体安全目标
Z_4-从众行为	Z_{11}-群体压力
Z_5-群体安全效能感	Z_{12}-工作满意度
Z_6-群体安全氛围	Z_{13}-安全动机
Z_7-群体安全文化	

Z_{14}-安全态度
Z_{15}-个性行为
Z_{16}-正式群体安全行为
Z_{17}-非正式群体安全行为
Z_{18}-群体安全行为
Z_{19}-安全意识

图 F2-23　方案 17 柱状图分析

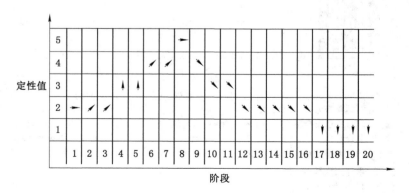

图 F2-24　方案 17 群体安全行为变化趋势图

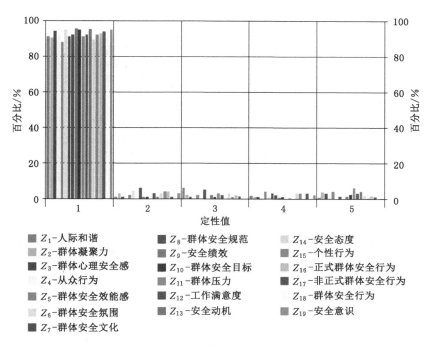

图 F2-25　方案 18 柱状图分析

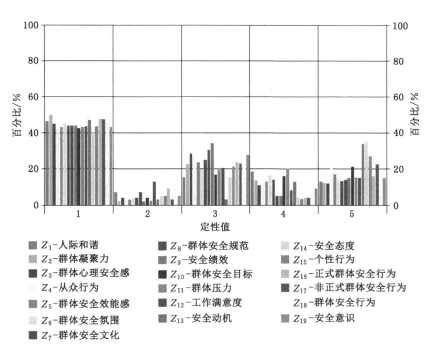

图 F2-26　方案 19 柱状图分析

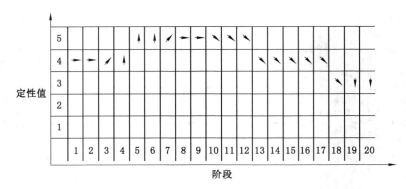

图 F2-27　方案 19 群体安全行为变化趋势图

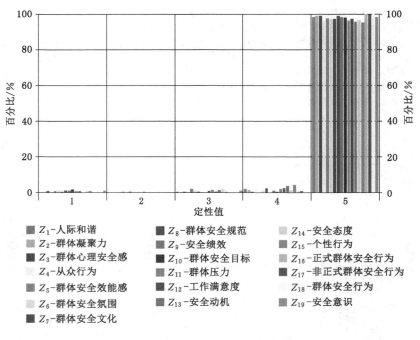

图 F2-28　方案 20 柱状图分析

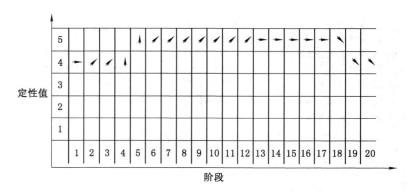

图 F2-29　方案 20 群体安全行为变化趋势图

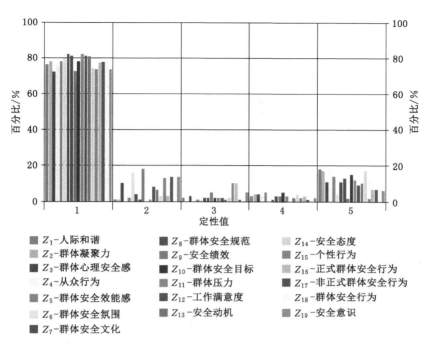

图 F2-30　方案 21 柱状图分析

图例：

Z_1-人际和谐　　　　　Z_8-群体安全规范　　　　Z_{14}-安全态度
Z_2-群体凝聚力　　　　Z_9-安全绩效　　　　　　Z_{15}-个性行为
Z_3-群体心理安全感　　Z_{10}-群体安全目标　　　Z_{16}-正式群体安全行为
Z_4-从众行为　　　　　Z_{11}-群体压力　　　　　Z_{17}-非正式群体安全行为
Z_5-群体安全效能感　　Z_{12}-工作满意度　　　　Z_{18}-群体安全行为
Z_6-群体安全氛围　　　Z_{13}-安全动机　　　　　Z_{19}-安全意识
Z_7-群体安全文化

参 考 文 献

［1］ AGHAKHANI K,SHALBAFAN M. What COVID-19 outbreak in Iran teaches us about virtual medical education［J］. Medical education online,2020,25(1):1770567.

［2］ BAILEY C G. Development of computer software to simulate the structural behaviour of steel-framed buildings in fire［J］. Computers & structures,1998,67(6):421-438.

［3］ BAYRAM M,ARPAT B,OZKAN Y. Safety priority,safety rules,safety participation and safety behaviour:the mediating role of safety training［J］. International journal of occupational safety and ergonomics,2022,28(4):2138-2148.

［4］ BERENDS P, ROMME G. Simulation as a research tool in management studies［J］. European management journal,1999,17(6):576-583.

［5］ BHATTACHARJEE S,ROY P,GHOSH S,et al. Wireless sensor network-based fire detection,alarming,monitoring and prevention system for Bord-and-Pillar coal mines ［J］. Journal of systems and software,2012,85(3):571-581.

［6］ BIAN J F,LI L,XIA X,et al. Effects of the presence and behavior of In-group and out-group strangers on moral hypocrisy［J］. Frontiers in psychology,2020,11:551625.

［7］ BOURDIEU P,WACQUANT L J D. An invitation to reflexive sociology［M］. Chicago:University of Chicago Press,1992.

［8］ BURT C D B,CHMIEL N,HAYES P. Implications of turnover and trust for safety attitudes and behaviour in work teams［J］. Safety science,2009,47(7):1002-1006.

［9］ CAO Q G, CHEN P, ZHANG G Y, et al. Research on Qualitative Simulation of Miners Groups' Safety Behaviors ［C］//2010 International Conference on Mine Hazards Prevention and Control, Atlantis Press, 2010(10): 603-609.

［10］ CAO Q G,LI K,LI Y J. Risk management and workers' safety behavior control in coal mine［J］. Safety Science,2012,50(4):909-913.

［11］ CAO Q G,YU K,ZHOU L J,et al. In-depth research on qualitative simulation of coal miners' group safety behaviors［J］. Safety science,2019(113):210-232.

［12］ CASEY T W,KRAUSS A D. The role of effective error management practices in increasing miners' safety performance［J］. Safety science,2013(60):131-141.

［13］ CASSOL V J,BRASIL J O,FORTES N A B,et al. An approach to validate crowd simulation software:a case study on CrowdSim［C］//2015 14th Brazilian Symposium on Computer Games and Digital Entertainment (SBGames). Piaui,Brazil:IEEE, 2015:192-203.

［14］ CHEN X D,XU Z W,YAO L M,et al. Processing technology selection for municipal sewage treatment based on a multi-objective decision model under uncertainty[J]. International journal of environmental research and public health,2018,15(3):448.

[15] CHEN X F,DINAVAHI V. Group behavior pattern recognition algorithm based on spatio-temporal graph convolutional networks[J]. Scientific programming,2021(6):1-8.

[16] CHOI B, LEE S. An empirically based agent-based model of the sociocognitive process of construction workers' safety behavior[J]. Journal of construction engineering and management,2018,144(2): 04017102.

[17] CHOUDHRY R M,FANG D. Why operatives engage in unsafe work behavior:investigating factors on construction sites[J]. Safety science,2008,46(4):566-584.

[18] DING S F,SU C Y,YU J Z. An optimizing BP neural network algorithm based on genetic algorithm[J]. Artificial intelligence review,2011,36(2):153-162.

[19] ENDROYO B,SURAJI A,BESARI M S. Model of the maturity of pre-construction safety planning[J]. Procedia engineering,2017(171):413-418.

[20] ERYANDO T, SIPAHUTAR T, RAHARDIANTORO S. The risk distribution of COVID-19 in Indonesia:a spatial analysis[J]. Asia pacific journal of public health,2020,32(8):450-452.

[21] FERNÁNDEZ-MUÑIZ B,MONTES-PEÓN J M,VÁZQUEZ-ORDÁS C J. The role of safety leadership and working conditions in safety performance in process industries[J]. Journal of loss prevention in the process industries,2017,50:403-415.

[22] FLORIS,GOERLANDT F,RENIERS G. Prediction in a risk analysis context:implications for selecting a risk perspective in practical applications[J]. Safety science,2018(101):344-351.

[23] GATERSLEBEN M R,VAN DER WEIJ S W. Analysis and simulation of passenger flows in an airport terminal[C]//Proceedings of the 31st conference on Winter simulation Simulation—a bridge to the future - WSC'99. December 5-8,1999. New York:ACM Press,1999(2):1226-1231.

[24] GELLER S. The Fitting Solution to Respiratory Hazards[J]. Psychology of safety,2004(6): 12-14.

[25] GHASEMI E,ATAEI M,SHAHRIAR K,et al. Assessment of roof fall risk during retreat mining in room and pillar coal mines[J]. International journal of rock mechanics and mining sciences,2012(54):80-89.

[26] GLENDON A I,MCNALLY B,JARVIS A,et al. Evaluating a novice driver and pre-driver road safety intervention[J]. Accident analysis & prevention,2014(64):100-110.

[27] GUO M Z,LI S W,WANG L H,et al. Research on the relationship between reaction ability and mental state for online assessment of driving fatigue[J]. International journal of environmental research and public health,2016,13(12):1174.

[28] HEINRICH H W. Industrial accident prevention [M]. New York: McGraw-

Hill，1979.

[29] HUANG J W，KWAN M P，KAN Z H，et al. Investigating the relationship between the built environment and relative risk of COVID-19 in Hong Kong[J]. ISPRS international journal of geo-information,2020,9(11):624.

[30] IWASAKI Y，SIMON H A. Causality in device behavior[J]. Artificial intelligence, 1986,29(1):3-32.

[31] KIRIN S，SEDMAK A，LI W，et al. Human factor risk management procedures applied in the case of open pit mine [J]. Engineering failure analysis, 2021 (126):105456.

[32] KIRK L E，MITCHELL I. The impact of the COVID-19 pandemic on medical education[J]. Medical journal of Australia,2020,213(7):334.

[33] KIVLIGHAN D M，GULLO S，GIORDANO C，et al. Group as a social microcosm: the reciprocal relationship between intersession intimate behaviors and in-session intimate behaviors[J]. Journal of counseling psychology,2021,68(2):208-218.

[34] KLEER D J，BROWN J S. A qualitative physics based on confluences[J]. Artificial intelligence,1984,24(1/2/3):7-83.

[35] KLJAJIC M，BERNIK I，SKRABA A. Simulation approach to decision assessment in enterprises[J]. Simulation,2000,75(4):199-210.

[36] KUIPERS B. Qualitative simulation[J]. Artificial Intelligence,1986,29(3):289-338.

[37] LANGFRED C W. The paradox of self-management:individual and group autonomy in work groups[J]. Journal of organizational behavior,2000,21(5):563-585.

[38] LEE S H，KANG H G，LEE S J. Development of simulation-based testing environment for safety-critical software[J]. Nuclear engineering and technology, 2018, 50 (4):570-581.

[39] LENN M G. The contribution of on-road studies of road user behaviour to improving road safety[J]. Accident analysis & prevention,2013,58:158-161.

[40] LENNÉ M G，SALMON P M，LIU C C，et al. A systems approach to accident causation in mining:an application of the HFACS method[J]. Accident analysis & prevention,2012(48):111-117.

[41] LI Y L，WU X，LUO X W，et al. Impact of safety attitude on the safety behavior of coal miners in China[J]. Sustainability,2019,11(22):6382.

[42] LI Z，LICAO D，YIQUN W，et al. Human Reliability analysis model for NPPs [C]// Proceedings of the 6th international conference on reliability maintainability&Safety, 2004.

[43] LIU R L，CHENG W M，YU Y B，et al. An impacting factors analysis of miners' unsafe acts based on HFACS-CM and SEM[J]. Process safety and environmental protection,2019(122):221-231.

[44] LUO T Y，WU C. Safety information cognition:a new methodology of safety science in urgent need to be established [J]. Journal of cleaner production, 2019 (209):

1182-1194.

[45] MAHDINIA M, MOHAMMADFAM I, SOLTANZADEH A, et al. A fuzzy Bayesian network DEMATEL model for predicting safety behavior[J]. International journal of occupational safety and ergonomics, 2021(6): 1-8.

[46] MEYER J M, KIRK A, ARCH J J, et al. Beliefs about safety behaviours in the prediction of safety behaviour use[J]. Behavioural and cognitive psychotherapy, 2019, 47(6): 631-644.

[47] MIAO D J, YU K, ZHOU L J, et al. Dynamic risks hierarchical management and control technology of coal chemical enterprises[J]. Journal of loss prevention in the process industries, 2021(71): 104466.

[48] MILTENBERGER R G. 行为矫正的原理与方法[M]. 胡佩诚, 等译. 北京: 中国轻工业出版社, 2000.

[49] MOHAMMAD Z M, HADIKUSUMO B H W. Structural equation model of integrated safety intervention practices affecting the safety behaviour of workers in the construction industry[J]. Safety science, 2017(98): 124-135.

[50] MORRIS-DRAKE A, CHRISTENSEN C, KERN J M, et al. Experimental field evidence that out-group threats influence within-group behavior[J]. Behavioral ecology, 2019, 30(5): 1425-1435.

[51] NIELSEN D, AUSTIN J. Behavior-Based safety[J]. Professional safety, 2005(2): 33-37.

[52] NISSEN M E. Qualitativesimulation of organizational microprocesses[C]//1994 Proceedings of the Twenty-Seventh Hawaii International Conference on System Sciences. New York: IEEE, 1994(4): 635-644.

[53] PATTON M Q. Qualitative research[M]//Encyclopedia of statistics in behavioral science, Chichester: John Wiley & Sons, Ltd., 2005.

[54] PRITCHETT A R, LEE S, ABKIN M, et al. Examining air transportation safety issues through agent-based simulation incorporating human performance models[C]//Proceedings of The 21st Digital Avionics Systems Conference. New York: IEEE, 2002: 7A5.

[55] REASON J T. Human error[M]. England: Cambridge University Press, 1990.

[56] REASON J. Safety in the operating theatre - Part 2: human error and organisational failure[J]. Quality & safety in health care, 2005, 14(1): 56-60.

[57] RIGBY L. The nature of human error[M]. Milwaukee: Annual Technical Conference Transactions of the ASQC, 1970.

[58] SAWHNEY G, CIGULAROV K P. Examining attitudes, norms, and control toward safety behaviors as mediators in the leadership-safety motivation relationship[J]. Journal of business and psychology, 2019, 34(2): 237-256.

[59] SAY A C C, KURU S. Improved filtering for the QSIM algorithm[J]. IEEE transactions on pattern analysis and machine intelligence, 1993, 15(9): 967-971.

[60] SENDERS J, MORAY N. Human Error: Cause, Prediction, and Reduction[M]. Hillsdale: Lawrence Erlbaum Associates, 1991.

[61] SHIMOFF E. Using computers to teach behavior analysis[J]. The behavior analyst, 1995,18(2):307-316.

[62] SILVA S, ARAÚJO A, COSTA D, et al. Safety climates in construction industry: understanding the role of construction sites and workgroups[J]. Journal of safety science and technology,2013,3(4):80-86.

[63] SIU W S, KO C H, WONG H L, et al. Seropharmacological study on osteogenic effects of post-absorption ingredients of an osteoprotective herbal formula[J]. Chinese journal of integrative medicine,2017,23(1):25-32.

[64] SMITH T D, ELDRIDGE F, DEJOY D M. Safety-specific transformational and passive leadership influences on firefighter safety climate perceptions and safety behavior outcomes[J]. Safety science,2016(86):92-97.

[65] STARREN M. Multicultural working teams and safety awareness: how effective leadership can motivate safety behaviour[J]. Psychology,2016,7(7):1015-1022.

[66] STEPHEN P R. 组织行为学[M]. 孙建敏,李原,译. 北京:中国人民大学出版社,1997.

[67] SVENSSON Å, HYDÉN C. Estimating the severity of safety related behaviour[J]. Accident analysis & prevention,2006,38(2):379-385.

[68] SWAIN A D, GUTTMANN H E. Handbook of human-reliability analysis with emphasis on nuclear power plant applications[M]. New York:NUREG,1983.

[69] THALMANN D, MUSSE S R, KALLMANNM M. From individual human agents to crowds[J]. Informatique-revue des organizations suissesd informatique, 2000, 1(1): 110-114.

[70] TOM N, DORI S. Java Script 基础教程[M]. 北京:人民邮电工业出版社,2007.

[71] TURGUT Y, BOZDAG C E. Modeling pedestrian group behavior in crowd evacuations[J]. Fire and materials,2022,46(2):420-442.

[72] VIVES M L, CIKARA M, FELDMANHALL O. Following your group or your morals? The in-group promotes immoral behavior while the out-group buffers against it[J]. Social psychological and personality science,2022,13(1):139-149.

[73] WANG B, WU C, HUANG L. Emotional safety culture: a new and key element of safety culture[J]. Process safety progress,2018,37(2):134-139.

[74] WATSON A, MCKINNON T, PRIOR S D, et al. COVID-19: time for a bold new strategy for medical education[J]. Medical education online,2020,25(1):1764741.

[75] WYATT G J, LEITCH R R, STEELE A D. Qualitative and quantitative simulation of interacting markets[J]. Decision support systems,1995,15(2):105-113.

[76] YOU K M, YANG W, HAN R S. The video collaborative localization of a miner's lamp based on wireless multimedia sensor networks for underground coal mines[J]. Sensors,2015,15(10):25103-25122.

[77] YU K, CAO Q, ZHOU L. Study on qualitative simulation technology of group safety behaviors and the related software platform[J]. Computers & industrial engineering, 2019(127):1037-1055.

[78] YU K, CAO Q G, XIE C Z, et al. Analysis of intervention strategies for coal miners' unsafe behaviors based on analytic network process and system dynamics[J]. Safety science, 2019(118):145-157.

[79] YU K, ZHOU L J, CAO Q G, et al. Evolutionary game research on symmetry of workers' behavior in coal mine enterprises[J]. Symmetry, 2019, 11(2):156.

[80] ZHANG H H, ZHANG X, XIE J R, et al. Group abnormal behavior detection based on fuzzy clustering[C]//2020 3rd International Conference on Unmanned Systems (ICUS). November 27-28, 2020, Harbin, China.

[81] ZHANG P, HONG B, HE L, et al. Temporal and spatial simulation of atmospheric pollutant $PM_{2.5}$ changes and risk assessment of population exposure to pollution using optimization algorithms of the back propagation-artificial neural network model and GIS[J]. International journal of environmental research and public health, 2015, 12(10):12171-12195.

[82] ZHANG S, SHI X Z, WU C. Measuring the effects of external factor on leadership safety behavior: case study of mine enterprises in China[J]. Safety science, 2017(93): 241-255.

[83] 阿尔特曼, 史蒂文. 管理科学与行为科学 [M]. 魏楚千, 等译. 北京:北京航空航天大学出版社, 1990.

[84] 白方周, 张雷. 定性仿真导论[M]. 合肥:中国科学技术大学出版社, 1998.

[85] 曹庆贵, 俞凯, 周鲁洁. 群体安全行为定性模拟研究及其应用[M]. 北京:应急管理出版社, 2020.

[86] 曹庆贵. 安全系统工程[M]. 北京:煤炭工业出版社, 2010.

[87] 曹庆贵. 企业风险管理与监控预警技术[M]. 北京:煤炭工业出版社, 2006.

[88] 曹庆仁, 李凯. 各种煤矿安全管理行为及其相互影响作用研究[J]. 安全与环境学报, 2015, 15(1):6-10.

[89] 曹庆仁, 宋学锋. 不安全行为研究的难点及方法[J]. 中国煤炭, 2006(11):62-63, 4.

[90] 曹庆仁, 宋学锋. 煤矿员工的不安全行为及其管理途径[J]. 经济管理, 2006(15): 62-65.

[91] 陈宝智, 王金波. 安全管理[M]. 天津:天津大学出版社, 1999.

[92] 陈芳. 基于 JavaScript 与 ASP. NET 的网站开发技术[J]. 工程技术与应用, 2017(11): 82-83.

[93] 陈静, 曹庆贵, 李润之. 煤矿生产中人失误的预测与评价[J]. 矿业安全与环保, 2007(1):78-81.

[94] 陈静, 曹庆贵. 煤矿井下职工个体不安全行为心理致因机理[J]. 现代矿业, 2017, 33(5):220-223.

[95] 陈萍. 煤矿职工群体安全行为定性模拟技术研究[D]. 青岛:山东科技大学, 2011.

[96] 陈兆波,刘媛媛,曾建潮,等.煤矿安全事故人因分析的一致性研究[J].中国安全科学学报,2014,24(2):145-150.

[97] 程恋军.矿工不安全行为形成机制及其双重效应研究[D].阜新:辽宁工程技术大学,2015.

[98] 迟鹏德,曹庆贵.基于未确知测度理论的矿工不安全行为风险评估[J].中国安全生产科学技术,2020,16(4):120-125.

[99] 代成.面向边缘智能人体行为识别关键技术研究[D].成都:电子科技大学,2021.

[100] 杜思才.控制人的不安全行为 保证企业的安全生产[J].安徽电力,2007,24(1):62-65.

[101] 傅贵,索晓,王春雪.24Model的系统特性研究[J].系统工程理论与实践,2018,38(1):263-272.

[102] 傅贵,殷文韬,董继业,等.行为安全"2-4"模型及其在煤矿安全管理中的应用[J].煤炭学报,2013,38(7):1123-1129.

[103] 龚沛曾.Visual Basic程序设计教程[M].4版.北京:高等教育出版社,2013.

[104] 关清林,李乃文.群体动力理论在煤矿班组安全管理中的应用[J].中国集体经济,2008(13):68-69.

[105] 郭彬彬.煤矿人的不安全行为的影响因素研究[D].西安:西安科技大学,2010.

[106] 郭伏,孙永丽,叶秋红.国内外人因工程学研究的比较分析[J].工业工程与管理,2007,12(6):118-122.

[107] 汉克·威廉姆斯.群体与团队管理[M].北京:中国人民大学出版社,1997.

[108] 何刚.煤矿安全影响因子的系统分析及其系统动力学仿真研究[D].淮南:安徽理工大学,2009.

[109] 侯光明,李存金.现代管理激励与约束机制[M].北京:高等教育出版社,2002.

[110] 胡斌,董升平.管理者-人群心理归顺博弈定性模拟原理[J].系统仿真学报,2004,16(12):2813-2816.

[111] 胡斌,王志明.个体-群体博弈的定性模拟[C]//系统仿真技术及其应用学术交流会,广州,2005.

[112] 胡斌.群体行为的定性模拟原理与应用[M].武汉:华中科技大学出版社,2006.

[113] 黄辉,张雪.煤矿员工不安全行为研究综述[J].煤炭工程,2018,50(6):123-127.

[114] 黄浪,吴超,马剑.行为流视域下的个体不安全行为分类及责任认定[J].中国安全科学学报,2019,29(9):20-26.

[115] 黄姗姗,曹庆贵,王林林.煤炭企业全面风险管理策略分析[J].中国矿业,2017,26(7):7-11.

[116] 黄姗姗.煤矿职工不安全行为的模拟与博弈研究[D].青岛:山东科技大学,2018.

[117] 黄曙东,张力.人因失误根原因分析方法与应用[J].人类工效学,2003,9(1):31-34.

[118] 霍杰茨.工作中的现代人际关系学[M].吴德庆,等译.北京:中国人民大学出版社,1989.

[119] 贾爱芳,田水承,郭昕玥,等.矿工心理疲劳试验研究[J].安全与环境学报,2021,21(6):2608-2616.

[120] 贾红果,曹庆贵,王树立,等.矿井大数据分析及职工不安全行为预控研究[J].山东科技大学学报(自然科学版),2015,34(2):14-18.

[121] 贾红果.煤矿职工不安全行为控制模型与方法研究[D].青岛:山东科技大学,2015.

[122] 鞠春雷,邓慧敏,张永杰,等.基于 SCM 与 K-means 聚类算法的矿工不安全动作分类特征研究[J].煤矿安全,2021,52(11):261-264.

[123] 黎志成,胡斌,傅小华,等.管理系统定性模拟的理论与应用[M].北京:科学出版社,2005.

[124] 黎志成,刘凤霞,胡斌.营销人员管理的定性模拟研究[J].华中科技大学学报(自然科学版),2004,32(1):99-101.

[125] 黎志成,聂晖,谢颂华.基于过程知识库的管理人员群体行为定性模拟研究[J].科技进步与对策,2005,22(7):5-7.

[126] 李海宏,吴悠,郝雅琦,等.基于 NVivo 的矿工"三违"行为致因因素研究[J].煤矿安全,2020,51(8):256-259.

[127] 李红霞,樊恒子,陈磊,等.智慧矿山工人不安全行为影响因素模糊评价[J].矿业研究与开发,2021,41(1):39-43.

[128] 李红霞,田水承.安全激励机制体系分析[J].矿业安全与环保,2001,28(3):8-9.

[129] 李磊,李睿涵,支梅,等.基于非正式组织视角的煤矿工人不安全行为致因研究[J].煤矿安全,2022,53(1):252-256.

[130] 李磊,田水承.矿工不安全行为"行为前-行为中-行为后"组合干预研究[J].西安科技大学学报,2016,36(4):463-469.

[131] 李磊,田水承.煤矿工人不安全行为组合干预仿真研究[J].中国安全科学学报,2016,26(7):23-28.

[132] 李乃文,陈丽,陈彬.EAP 在矿工压力管理中的应用[J].辽宁工程技术大学学报(社会科学版),2009,11(4):353-355.

[133] 李乃文,马跃.基于流程思想的矿工安全行为习惯塑造研究[J].中国安全科学学报,2010,20(3):120-124.

[134] 李乃文,牛莉霞.矿工工作倦怠、不安全心理与不安全行为的结构模型[J].中国心理卫生杂志,2010,24(3):236-240.

[135] 李小玲,王建新.重大疫情防控工作中大学生思想政治教育面临的挑战与应对[J].思想理论教育,2020(4):98-102.

[136] 李琰,杨森.行为经济学视角下矿工不安全行为仿真分析[J].中国安全生产科学技术,2018,14(1):18-23.

[137] 李月皎.煤矿事故中不安全行为风险评估及 BBS 预控管理研究[D].太原:太原理工大学,2016.

[138] 栗继祖,李红敏.矿工心理资本对安全行为的影响[J].现代职业安全,2019(7):95-96.

[139] 林泽炎.工业事故发生规律及其对策探讨[J].中国劳动科学,1995(3):15-17.

[140] 林泽炎.强化事故统计促进安全管理[J].中国劳动科学,1995(11):27-28.

[141] 凌斌,段锦云,朱月龙.工作场所中的心理安全:概念构思、影响因素和结果[J].心理

科学进展,2010,18(10):1580-1589.

[142] 刘畅.高管团队群体行为动力对企业绩效的影响研究[D].天津:河北工业大学,2012.

[143] 刘超.煤矿通风安全的制约因素及对策探析[J].山东煤炭科技,2016(11):53-55.

[144] 刘超.企业员工不安全行为影响因素分析及控制对策研究[D].北京:中国地质大学(北京),2010.

[145] 刘海滨,梁振东.基于 SEM 的不安全行为与其意向关系的研究[J].中国安全科学学报,2012,22(2):23-29.

[146] 刘具,梁跃强,程坤,等.煤矿安全生产技术管理体系构建研究[J].煤矿安全,2021,52(12):256-260.

[147] 刘伟华,曹庆贵,王帅.群体动力学在作业安全标准化推进中的应用探讨[J].工业安全与环保,2016,42(8):47-49.

[148] 刘伟华,俞凯,谢长震,等.职工不安全行为控制对策库建设及应用系统开发[J].煤矿安全,2016,47(6):253-256.

[149] 刘伟华.煤矿职工群体特征及其安全行为模型研究[D].青岛:山东科技大学,2017.

[150] 刘鑫,黄强,宋守信.电力运行人员心理疲劳的心理因素分析[J].中国高新技术企业,2009(17):72-73.

[151] 刘轶松.安全管理中人的不安全行为的探讨[J].西部探矿工程,2005,17(6):266-228.

[152] 鲁春雷.煤炭企业风险识别、评估与防控研究[D].西安:西安科技大学,2010.

[153] 毛海峰.企业安全管理群体行为与动力理论探讨[J].中国安全科学学报,2004,14(1):48-52.

[154] 毛海峰.企业组织中的安全领导理论研究[J].中国安全科学学报,2004,14(3):29-33.

[155] 孟娜.企业安全管理模式的力学表达方法研究[D].长沙:中南大学,2008.

[156] 那赞,栗继祖,冯国瑞.群体认知对个体不安全行为意向的跨层次影响[J].中国安全科学学报,2019,29(2):13-19.

[157] 聂晖,黎志成,谢颂华.软件企业项目研发团队绩效定性模拟研究[J].工业工程与管理,2005,10(3):22-28.

[158] 潘德冰.社会场论导论——中国:困惑、问题及出路[M].武汉:华中师范大学出版社,1992.

[159] 任存良,赵作鹏,蔡东红,等.煤矿不安全行为警示仿真系统开发与应用[J].矿业安全与环保,2013,40(1):52-55.

[160] 任宏,马先睿,刘华兵.基于 GA-BP 神经网络的巨项目投入评价的改进研究[J].系统工程理论与实践,2015,35(6):1474-1481.

[161] 任谢楠.基于遗传算法的 BP 神经网络的优化研究及 MATLAB 仿真[D].天津:天津师范大学,2014.

[162] 任玉辉.煤矿员工不安全行为影响因素分析及预控研究[D].北京:中国矿业大学(北京),2014.

[163] 邵辉,王凯全.安全心理学[M].北京:化学工业出版社,2004.

[164] 石纯一,廖士中.定性推理方法[M].北京:清华大学出版社,2002.

[165] 时巨涛,孙虹,马新建.组织行为学[M].北京:石油工业出版社,2003.

[166] 时砚.群体动力学在安全管理中违章行为矫正的应用[D].北京:北京交通大学,2008.

[167] 史淑君,董哲.利用JavaScript技术建立馆藏外文电子期刊导航系统[J].现代情报,2006,26(11):77-78,81.

[168] 孙斌,田水承,李树刚,等.对人的不安全行为的研究及解决对策[J].陕西煤炭,2002,21(1):22-24.

[169] 孙春兰强调:扎实做好疫情防控工作 推动"十四五"开好局起好步[J].中国卫生法制,2021,29(2):127.

[170] 孙健敏.组织行为学[M].上海:复旦大学出版社,2005.

[171] 孙淑英.家具企业实木机加工作业安全行为研究[D].南京:南京林业大学,2008.

[172] 孙晓敏.群体动力[M].北京:北京师范大学出版社,2017.

[173] 孙欣,聂百胜,赵冬花.煤矿事故受困人员心理生理变化机理研究[J].中国煤炭,2014,40(9):117-120.

[174] 谭芸.群体心理行为模拟的探讨[J].安全与环境工程,2006,13(3):87-89,94.

[175] 田水承,匡秘姈,丁洋.风险偏好中介作用下矿工工作压力对不安全行为的影响[J].安全与环境学报,2023,23(1):132-138.

[176] 田水承,李广利,李停军,等.基于SD的矿工不安全行为干预模型仿真[J].煤矿安全,2014,45(8):245-248.

[177] 田水承,李红霞,冯长根.煤矿应建立向事故学习的制度[J].中国煤炭,2002,28(1):47-48.

[178] 田水承,刘芬,杨禄,等.基于计划行为理论的矿工不安全行为研究[J].矿业安全与环保,2014,41(1):109-112.

[179] 田水承,孙璐瑶,唐艺璇,等.矿工不安全状态评价指标体系的构建与分析[J].西安科技大学学报,2021,41(3):402-409.

[180] 田水承,赵雪萍,黄欣,等.基于进化博弈论的矿工不安全行为干预研究[J].煤矿安全,2013,44(8):231-234.

[181] 田一明,陈雪波,孙秋柏.行为安全管理系统中员工不安全行为涌现性抑制的研究[J].安全与环境学报,2016,16(2):174-178.

[182] 王秉,吴超,黄浪.一种基于安全信息的安全行为干预新模型:S-IKPB模型[J].情报杂志,2018,37(12):140-146.

[183] 王晨旭.基于煤矿本质安全管理体系的员工不安全行为研究[D].西安:西安科技大学,2012.

[184] 王丹.矿工违章行为形成、演化与治理研究[D].阜新:辽宁工程技术大学,2010.

[185] 王丹.煤矿工人安全认知的影响因素研究[J].中国安全科学学报,2011,21(12):128-133.

[186] 王萍.煤矿瓦斯事故中不安全行为形成机理及研究:基于行为科学的视角[D].太原:太原理工大学,2010.

[187] 王淑云.群体动力学在企业安全管理中的应用探讨[J].南华大学学报(社会科学版),

2005,6(2):49-51.

[188] 王文先.对不安全行为的分析与控制[J].安防科技(安全经理人),2004(10):17-19.

[189] 王小川,史峰,郁磊.MATLAB 神经网络 43 个案例分析[M].北京:北京航空航天大学出版社,2013.

[190] 王银峰,吴超,黄锐,等.安全人性学视域下的个体安全行为模型研究[J].中国安全科学学报,2018,28(9):1-6.

[191] 王智平,刘在德,高成秀,等.遗传算法在 BP 网络权值学习中的应用[J].甘肃工业大学学报,2001(2):20-22.

[192] 威布尔.演化博弈论[M].上海:上海人民出版社,2006.

[193] 吴大明,傅贵.基于事故致因"2-4"模型的新冠疫情事件分析及应用研究[J].安全与环境学报,2022(1):26.

[194] 吴浩原,熊辛,闵卫东,等.基于多级特征融合和时域扩展的行为识别方法[J].计算机工程与应用,2023,59(7):134-142.

[195] 谢长震.煤矿职工不安全行为控制对策及其数据库研究[D].青岛:山东科技大学,2017.

[196] 谢幼如,邱艺,黄瑜玲,等.疫情防控期间"停课不停学"在线教学方式的特征、问题与创新[J].电化教育研究,2020,41(3):20-28.

[197] 薛薇.SPSS 统计分析方法及应用[M].4 版.北京:电子工业出版社,2017.

[198] 杨佳丽,栗继祖,冯国瑞,等.矿工不安全行为意向影响因素仿真研究与应用[J].中国安全科学学报,2016,26(7):46-51.

[199] 杨雷,张爽,栗玉华,等.行为安全观察与沟通在石油化工企业 HSE 管理中的应用[J].安全、健康和环境,2010,10(10):13-15.

[200] 杨泉林.中美两国煤矿安全管理对比以及对中国煤矿安全管理的启示[J].技术与创新管理,2016,37(4):365-370.

[201] 杨水清.JavaScript 动态网页开发详解[M].北京:电子工业出版社,2008.

[202] 殷文韬,傅贵,公建祥.煤矿工人违章操作的"认知-行为"失效机理与管理措施[J].中国安全科学学报,2015,25(10):153-159.

[203] 于广涛,王二平,李永娟.安全文化在复杂社会技术系统安全控制中的作用[J].中国安全科学学报,2003,13(10):8-11,85.

[204] 俞凯,曹庆贵,高思强.煤矿安全监察管理信息系统安卓终端研制[J].煤炭技术,2016,35(2):265-267.

[205] 俞凯.煤矿职工群体安全行为定性模拟方法及软件平台研究[D].青岛:山东科技大学,2019.

[206] 禹敏,栗继祖.基于心理健康中介作用的安全压力对矿工安全行为的影响[J].煤矿安全,2019,50(12):253-256.

[207] 禹敏,栗继祖.组织政治知觉中安全变革型领导调节作用对矿工安全行为的影响[J].煤矿安全,2019,50(11):239-2243.

[208] 张干清.复杂系统中的人误屏障分析[J].科技进步与对策,2009,26(16):23-27.

[209] 张广宇,曹庆贵,姚庆国,等.群体动力学技术在煤矿安全工作中的应用探讨[J].煤炭

经济研究,2011,31(7):91-93.

[210] 张广宇,姚庆国,曹庆贵,等.利用行为干预技术开展煤矿安全工作[J].煤炭经济研究,2011,31(9):97-99.

[211] 张江石,傅贵,郭芳,等.安全氛围测量量表研究[J].中国安全科学学报,2009,19(6):85-92.

[212] 张江石,王帅,郝红宇,等.安全文化示范企业的共性特质及示范路径研究[J].中国安全科学学报,2018,28(9):154-158.

[213] 张江石,王帅.基于演化博弈的矿工脱岗行为原因研究[J].安全与环境学报,2018,18(2):653-657.

[214] 张江石,吴悠,郭金山,等.煤矿环境对矿工个体行为的影响机制研究[J].安全与环境学报,2021,21(2):649-655.

[215] 张江石,赵群,张文越.安全管理实践与行为关系研究[J].安全与环境学报,2018,18(6):2279-2284.

[216] 张培森,牛辉,朱慧聪,等.2019—2020年我国煤矿安全生产形势分析[J].煤矿安全,2021,52(11):245-249.

[217] 张倩云.SD公司财务风险与控制研究[D].合肥:安徽大学,2017.

[218] 张赛,曹庆贵,贾红果.EAP体系对提升煤矿职工安全心理水平的应用研究[J].中国煤炭,2016,42(1):10-15.

[219] 张书莉,吴超.安全行为管理"五位一体"模型构建及应用[J].中国安全科学学报,2018,28(1):143-148.

[220] 张小军.社会场论[M].北京:团结出版社,1991.

[221] 张亚静.煤矿行为安全管理与预警系统的研究与实现[D].邯郸:河北工程大学,2016.

[222] 赵鹏飞,聂百胜.煤矿企业从业人员安全激励模式研究[J].煤矿开采,2012,17(6):95-97,42.

[223] 郑莹.煤矿员工不安全行为的心理因素分析及对策研究[D].唐山:河北理工大学,2008.

[224] 周刚.人的安全行为模式分析与评价研究[D].青岛:山东科技大学,2006.

[225] 周鲁洁.煤矿职工不安全行为仿真与预警控制系统研究[D].青岛:山东科技大学,2018.

[226] 祝世彬,高娃.疫情防控常态化背景下高校校园安全管理信息化建设探析[J].现代商贸工业,2021,42(10):54-55.